JN017142

# 休み時間の
# 分子生物学

## 黒田裕樹
Kuroda Hiroki

講談社

ブックデザイン｜安田あたる
カバーイラスト｜Martine

# はじめに

　本著のライバル社の作品で恐縮ですが，未来の世界のネコ型ロボットが現在の世界にやってきて，どんくさいけど憎めない小学生の男の子にさまざまなひみつ道具を提供する有名な漫画にて，「人間製造機」という道具が登場する回があります（第8巻）。この道具では，身のまわりに存在するヒトの体と同じ成分を含むモノを放り込むことによって（たとえば炭素は鉛筆から，リンは石けんから，といった具合に），人工的にヒトが造られます。道具のなかでは，放り込んだモノが分子のレベルまで分解され，生物個体になるように再構築する反応が行われているのでしょう。

　分子生物学と耳にしますと，難しそうに思えて身構える人も多いかと思います。しかし，心配しなくても大丈夫です。上に紹介した「人間製造機」みたいな生物を誕生させる機械に組み込まれたプログラムを学ぶ学問分野としてとらえていただければよいでしょう。生物はどのような材料によってできあがっているのでしょうか？　どのようなプログラムが用いられ，そのプログラムはいかに活用されるのでしょうか？　そういったところに焦点をおいた分野なのです。もちろん，中心となる存在もあります。それはプログラムが書かれているデオキシリボ核酸（DNA）という名の化学物質です。DNA上にA，C，G，Tという，たった4文字（それぞれアデニン，シトシン，グアニン，チミン）で書かれたプログラムがさまざまな生命現象を導き，生物個体が形づくられ，無限の営みが織りなされていくことになります。これを学ぶことは，自身についても新しい視点から学ぶことにもなるでしょう。たとえ理系でなくとも，人生の大きな糧になるものと思います。

　紹介が遅れましたが，私は国立大学／私立大学／看護学校／予備校などで，かれこれ20年以上，さまざまな立場の人を前にして，生物学分野で教鞭を執ってきました。いずれは小中学校の先生になる学生さんらに分子生物学を教えていた時期も8年間ありました。その際には，彼らが将来，子どもたちにDNAの役割などを伝えるときに，やさしく，それでいて正

しく伝えられる工夫を盛り込みました。しかし，この工夫は最先端分野に進まれる人の理解を助けるうえでも通じるものがあり，とても大事な姿勢であると感じています。本著では，その思いを抱きながら，基礎的な内容から最先端の知見，さらには分子生物学分野においてノーベル賞を受賞した日本人の研究の概要まで，広く伝えることができるように執筆しました。特に Chapter 1 は他の書籍とはかなり違う風変わりなスタートになっているかと思います。広く軽く学びたい人に適していることはもちろんですが，通常の教科書とは異なった切り口から伝える回も多数含まれていますので，専門的な分野に進まれる人にもその知識体系を少なからずサポートできるものになると信じています。

　なお，本書籍を含む休み時間シリーズは，原則 2 ページ見開きを 10 分間程度で学習するのがコンセプトですが，一部，情報量の多さから 3 ページとなるところもあります。特に最先端の分子生物学の内容に触れる，Chapter 8 ではそれが顕著になりますが，どうかご容赦ください。

　本著は私が単著で書かせていただく初めての書籍になります。講談社サイエンティフィクの編集者のひとりである堀恭子さんがネット上でいろいろな教材を公開していた私の存在に気づいてくださり，お声がけくださったことがきっかけとなりました。また，執筆するうえでは，私が学生時代から知恵袋のように頼りにしております早田匡芳先生（現在は東京理科大の教員）に数多くのアドバイスをいただきました。この場をかりて，御礼申し上げます。

2020 年 7 月

黒田裕樹

　初版の発行から 1 年足らずですが，この間も分子生物学の進歩は目覚ましいものがあり，特にコロナウイルスに対する RNA ワクチンに関する分子生物学的な背景は非常におもしろいものがあります。そこで，今回，無理をいって，新しいコラム（p.211）を追記させていただきました。皆様の学びにご活用いただけましたら幸いです〔2021 年 10 月〕。

休み時間の分子生物学

# contents

# Chapter 2

## タンパク質 21

# Chapter 3

## 核　酸 49

# Chapter 4

# 遺伝子発現機構 73

# Chapter 5

## 細胞内骨格と細胞分裂 97

# Chapter 6

## 分子生物学的手法　〜基礎編 121

# Chapter 7

## 分子生物学的手法 〜 20 世紀後半編 141

# Chapter 8

## 分子生物学的手法 〜21世紀編 167

# Chapter 9

## 日本人の分子生物学分野における ノーベル賞 193

# Chapter 1
# 遺伝情報の使い方

情報化社会と呼ばれて久しいですが，この本で学ぶことは，そのなかでも最古の歴史を有する情報化社会といってもよいでしょう。それは遺伝情報を利用して営みを築く生命体に関することであり，38 億年もの歴史を有しています。本章では，それがどのような情報であるのか，さらに大きくどのような営みが存在するのか，について学びましょう。

# Stage 01 ウルトラスーパーデジタル信号
## ACGT の文字を用いて情報を伝えていく世界

　ヒトの DNA の塩基配列の情報量がどれくらいあるのか，というサイズ感をつかむところから話をはじめましょう。生命の世界では，A，C，G，T という 4 種類のアルファベットの形で遺伝情報が保存されています。A はアデニン（adenine），C はシトシン（cytosine），G はグアニン（guanine），T はチミン（thymine）という名称の化学物質の頭文字に由来します。この 4 文字を用いるやり方は，私たちの世界をとりまいているデジタル信号に対して，ウルトラスーパーデジタル信号と表現することができる，すごい方式なのですよ，というお話です。

　では，ちょっとした頭の体操から話をはじめましょう。00 が白，01 が赤，10 が青，11 が黒を表す暗号としましょう。そうすると，0011 なら白黒，0110 なら赤青という意味になりますよね。このように，0 と 1 の組み合わせ（二進法）によって情報を伝える信号をデジタル信号と呼びます。たとえば，一般的な DVD に記録できる 0 と 1 の個数の最大値は約 380 億個となります。

　8 文字（コンピューター用語ではこれを 1 バイトと呼びます）で伝えられる情報が何種類かについて，図 1.1 を参考にしながら考えてみましょう。デジタル信号の場合は 2 の 8 乗通りとなるので，256 通りとなります。で

---

|  |  |
|---|---|
| 8 文字 | |
| 10101010 | デジタル信号(256 通り) |
| 02110020 | スーパデジタル信号(6,561 通り) |
| 03012031 | ウルトラスーパーデジタル信号(65,536 通り) |
| ACTGCTAG | ウルトラスーパーデジタル信号(65,536 通り) |

図 1.1　生命現象を制御するウルトラスーパーデジタル信号

は，文字が0，1，2と3種類（三進法）あればどうなるでしょうか。単純計算すると，3の8乗通り（6,561通り），デジタル信号の約26倍に増加します。3文字はスーパーデジタル信号と呼んでもよいでしょう。

さらに文字を0，1，2，3と4種類（四進法）に増やしてみましょう。

この場合は，4の8乗通り（65,536通り）となるので，デジタル信号の256倍です。ウルトラスーパーデジタル信号とでも呼びましょう。もうお気づきかと思いますが，生命の世界では，0，1，2，3の代わりにA，C，G，Tが用いるウルトラスーパーデジタル信号が用いられているのです。分子生物学とは，この4文字がどのように利用されているかを学ぶ学問領域といっても過言ではないでしょう。

本題となるサイズ感の話をします。約31億塩基対で構成されるヒトのDNA情報はどれくらいの情報量なのでしょうか。00でA，01でC，10でG，11でTとデジタル信号2文字で1つのアルファベットを指定することは可能です。つまり，31億塩基対はデジタル信号にして62億の1と0で書き表せるわけです。先にDVD1枚の容量を述べましたが，DVDには，ヒト数人分の塩基配列データを記録することができるわけです。この喩えを用いたとき，ヒトの遺伝情報って意外と少ないなぁと思われる人が圧倒的に多いです。私たちは，限られた文字数のウルトラスーパーデジタル信号を用いて，生命活動を営んでいるといえるでしょう。

**POINT** 01

◆ DNA上の情報は，A，C，G，Tの4つの文字で構成されている。
◆ DNA上の情報は四進法で構成されるため，ウルトラスーパーデジタル信号とたとえることができる。
◆ DVD1枚には数人分の塩基配列の情報を記録することができる。

# Stage 02 A, C, G, T, U を覚えよう
## 生物が用いる塩基の構造と特徴

　何はともあれ，A（アデニン），C（シトシン），G（グアニン），T（チミン）とはどのような化学物質なのかを把握しておく必要があります。ついでに，U（ウラシル：uracil）も重要なので覚えておきましょう。DNA（デオキシリボ核酸，deoxyribonucleic acid）ではA，C，G，Tが，RNA（リボ核酸，ribonucleic acid）ではA，C，G，Uが利用されているからです。DNA や RNA の詳細は後の Stage 04 で述べます。

　つまり，A，C，G，T，U がそれぞれどのような形をしているのかを把握する必要があります。有機化学をしっかり勉強していて，構造式を覚えることが苦痛ではない人は，そのまま構造式を暗記してもらえばよいでしょう。しかし，ほとんどの人がそうとは限らないと思うので，ここでは，より簡易的にとらえる方法を伝授したいと思います。まず，基本として，図 1.2 の形状を覚えてください。

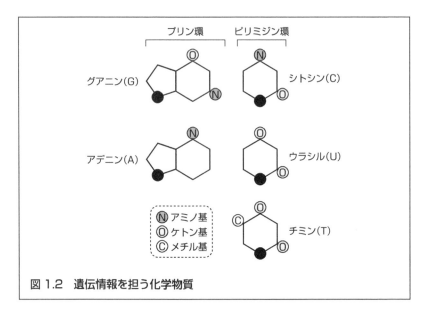

図 1.2　遺伝情報を担う化学物質

**図 1.3　プリン環とピリミジン環に属する塩基を覚える語呂合わせ**

　まず化学構造の中に含まれている環が1つか2つかによって整理することが重要となります。AとGは2つの環によって構成されており、この2つの環の構造をプリン環と呼びます。一方、CとTとUは1つの環によって構成されており、この単環構造をピリミジン環と呼びます。ここからは暗記法ですが、次のような語呂合わせで覚えてください。「プリンがみじん切りー」（図1.3）。「プリン」からプリン環を連想していただき、「が」はGAとローマ字表記しましょう。後半は「みじん」からピリミジン環を連想、「切り」はCUTと英訳しましょう。最後の「ー」から数字の1を連想してください。かくして、「プリン環でありGとAがそれに属する。ピリミジン環はCとUとTであり環は1つ」と連想できるはずです。プリン環の環が2つであるのはピリミジンの情報から想像できますね。

　これ以上は詳細情報になるので、正確に把握する必要はありませんが、A, C, G, T, Uのそれぞれの違いがあることは意識しておきましょう。図1.2で黒丸で示しているところは、それぞれがDNAやRNAの一部を構成する際に連結する部位を表しています。また、その違いは、アミノ基、ケトン基、メチル基と呼ばれる官能基（有機化学の言葉）が結合しているかどうかで決まります。正確に覚える必要はありませんが、違いが存在することは覚えておきましょう。

**POINT** 02

◆ DNA上の情報におけるTは、RNAにおけるUとなる。
◆ プリン環を有するのがGとA、ピリミジン環を有するのがCとUとTである。
◆ Tのピリミジン環上のメチル基が失われたものがUである。

# Stage 03 コドン情報

## 3文字の組み合わせで伝える暗号

　A，C，G，T，Uという文字で描かれる世界について学びます。生物が遺伝情報をもとに選択するアミノ酸は基本的に20種類です。これらを「標準アミノ酸」と呼びます。生物は20種類のアミノ酸を4種類の文字で指定しますが，そのためには，何文字必要か考えてみましょう。1文字では当然4種類しか選択することができません。2文字では16種類（4の2乗）。3文字となって初めて64種類（4の3乗）となり，20種類以上を選択することができます。それゆえ，生物は3文字でアミノ酸を指定するのでしょう。この3文字のことを「トリプレットコドン」または省略して「コドン」と呼びます。

　ここで暗号遊びをしてみましょう。表1.1のコドン暗号表に従うと，CACTATGGAGAACACGCTCATAGATGTTCGGTAAGAACという文字列には「こうだんしゃ」という情報が含まれているのですが，読みとれるでしょうか。自力で解読できた人は，この後の【　】で囲まれたところは読まなくてもOKです。【まずは，表と暗号文をにらめっこしてください。CACT（意味のない配列）→ ATG（開始）→ GAG（こ）→ AAC（う）→ ACG（た）→ CTC（゛）→ ATA（ん）→ GAT（し）→ GTT（次は小文字）→ CGG（や）→ TAA（文章終わり）→ GAAC（意味のない配列）】。なお，ATGは「開始コドン」という情報を含んでいるわけですが，これをATGは「開始コドン」をコードしている，と表現することができます。同じく，TGGは「トリプトファン」をコードしている，TAAは「終止コドン」をコードしている，と表現することができます。

　実際の生物においては平仮名ではなく，アミノ酸が指定されることになります。表の括弧内に指定されるアミノ酸が記載されています。それに従うと，上に紹介した文字列は開始コドンであり，メチオニンをコードするATGを含めて，開始コドン／メチオニン→グルタミン酸→アスパラギン→スレオニン→ロイシン→イソロイシン→アスパラギン酸→バリン→アル

**表 1.1　コドン暗号表**

| | | A | | C | | G | | T |
|---|---|---|---|---|---|---|---|---|
| | | **2 文 字 目** | | | | | | |
| **1文字目** | **A** | AAA あ（リシン） | ACA そ（スレオニン） | AGA ま（アルギニン） | ATA ん（イソロイシン） | | | |
| | | AAG い（リシン） | ACG た（スレオニン） | AGG み（アルギニン） | ATG 開始（開始コドン／メチオニン） | | | |
| | | AAC う（アスパラギン） | ACC ち（スレオニン） | AGC む（セリン） | ATC 。（イソロイシン） | | | |
| | | AAT え（アスパラギン） | ACT つ（スレオニン） | AGT め（セリン） | ATT 、（イソロイシン） | | | |
| | **C** | CAA お（グルタミン） | CCA て（プロリン） | CGA も（アルギニン） | CTA ！（ロイシン） | | | |
| | | CAG か（グルタミン） | CCG と（プロリン） | CGG や（アルギニン） | CTG ？（ロイシン） | | | |
| | | CAC き（ヒスチジン） | CCC な（プロリン） | CGC ゆ（アルギニン） | CTC 。（ロイシン） | | | |
| | | CAT く（ヒスチジン） | CCT に（プロリン） | CGT よ（アルギニン） | CTT カタカナ開始（ロイシン） | | | |
| | **G** | GAA け（グルタミン酸） | GCA ぬ（アラニン） | GGA ら（グリシン） | GTA カタカナ終了（バリン） | | | |
| | | GAG こ（グルタミン酸） | GCG ね（アラニン） | GGG り（グリシン） | GTG ？（バリン） | | | |
| | | GAC さ（アスパラギン酸） | GCC の（アラニン） | GGC る（グリシン） | GTC ―（バリン） | | | |
| | | GAT し（アスパラギン酸） | GCT は（アラニン） | GGT れ（グリシン） | GTT 次は小文字（バリン） | | | |
| | **T** | TAA 文章終わり（終止コドン） | TCA ひ（セリン） | TGA 文章終わり（終止コドン） | TTA 0（ロイシン） | | | |
| | | TAG 文章終わり（終止コドン） | TCG ふ（セリン） | TGG ろ（トリプトファン） | TTG 1（ロイシン） | | | |
| | | TAC す（チロシン） | TCC へ（セリン） | TGC わ（システイン） | TTC 2（フェニルアラニン） | | | |
| | | TAT せ（チロシン） | TCT ほ（セリン） | TGT を（システイン） | TTT 3（フェニルアラニン） | | | |

【練習問題】CACTATGGAGAACACGCTCATAGATGTTCGGTAAGAAC

ギニン→終止コドン，という内容を含むことになります。

---

**POINT 03**

◆ 1つのアミノ酸は3文字の暗号で指定される。

◆ 平仮名の文章もコドン暗号表に置き換えることができる。

◆ コドン暗号表で20種類のアミノ酸と3種類の終止コドンの23種類が指定される。

# Stage 04 RNA ワールドと DNA ワールド

## RNA を遺伝子の本体とする生物がいた時代

　地球上の生物が遺伝子として用いている化学物質の話をしたいと思います。遺伝子 = DNA といったイメージをもっている人がたくさんいるかと思います。これは正しい意味合いも含まれますが，正確とはいえません。「お母さんからいい遺伝子をもらったね」といったセリフを耳にすることはありませんか。このセリフに含まれる「遺伝子」は，生物学的には世代を超えて受け渡される情報単位のことをさします。正確には「お母さんから世代を超えて受け渡されるよい情報単位をもらったね」ということになります。つまり，世代を超えて受け渡される情報単位という条件を満たせば，遺伝子という言葉を当てはめることができます。ただし，現在，地球上に存在する生命が利用する遺伝子に限っては，それを構成する化学物質として DNA が用いられている，だけなのです。

　最も信頼できる最近の学説に従うと，現在の宇宙は約 138 億年前に宇宙創生となるビッグバンの際に誕生し，私たちが住む地球は約 46 億年前に誕生したと考えられています。その約 8 億年後となる約 38 億年前，地球上に最初の生命が誕生しました。それに続く約 38 億年間の生命の進化に対して，その前の約 8 億年間のことを「化学進化」と呼びます。最初の生命のもととなる化学物質が進化してきた過程という意味です。あくまで仮説のひとつにすぎませんが，最も有力として考えられている説（RNA ワールド仮説）によると，進化の最初の段階，つまり約 38 億年前，生物は遺伝子の本体として RNA を用いていたようです。この期間は数万年であったという説もあれば，数億年であったという説もあります。真相はわかりませんが，遺伝子の本体が RNA であった世界を RNA ワールドと呼びます（図 1.4）。今でも，遺伝子の本体として RNA を用いているウイルスがいます。2020 年に世界を震撼させたコロナウイルスのほか，インフルエンザウイルスやエイズウイルス（HIV）などがそれにあたります。しかし，生物に限っては生物進化の極めて初期の段階のうちに遺伝子の本体は

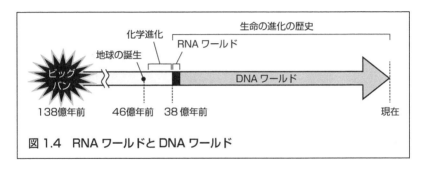

図 1.4　RNA ワールドと DNA ワールド

RNA から DNA に移行し，DNA ワールドに変わりました。そして，現在に至ると考えられています。このほかに，最初から DNA でスタートしたという DNA ワールド仮説や，タンパク質だったというプロテインワールド仮説などがあります。さらには，宇宙から到達したというパンスペルミア説などがあります。パンスペルミア説は SF 的な考え方に思われるかもしれませんが，生命にかかわる可能性がある有機物質が宇宙空間にも存在することは確認されています。他の惑星や衛星から実際に地球へと到達したと考える余地も十分にあるでしょう。

　それでは DNA ワールドでは RNA は使われなくなったのでしょうか。たしかに生物における遺伝子の本体としては使われなくなりました。しかし，遺伝情報を恒久的にしっかりと保存するために DNA を用いるのに対して，RNA は DNA の情報を一時的に利用する際に活用されています。

**POINT** 04

◆ 地球が誕生した約 46 億年前から生物が誕生した約 38 億年前の 8 億年間に存在した，化学物質から生命に至る過程を化学進化と呼ぶ。
◆ 生命が誕生したばかりの頃は遺伝子の本体として RNA を利用する生物がいた。
◆ 現在も RNA を遺伝子の本体とするウイルスが数多く存在する。

# Stage 05 セントラルドグマ

## 分子生物学の世界における揺るぎない規則

　宗教などの教義（ドグマ）のなかでも特に重要な中心的教義は，セントラルドグマと呼ぶことができます。分子生物学では，まさにそれに相当するものがあり，1958 年にフランシス・クリック（ジェームズ・ワトソンとともに DNA の二重らせん構造を提唱し，ノーベル生理学・医学賞を受賞した英国の科学者）が，それをセントラルドグマと名づけました。具体的には図 1.5 に実線で示したものがそれにあたります。DNA の情報をもとに RNA がつくられる経路を「転写」と呼びます（図 1.5 ①）。RNA の情報をもとにタンパク質がつくられる経路を「翻訳」と呼びます（図 1.5 ②）。DNA の情報をもとに新たな DNA が合成される経路を「複製」と呼びます（図 1.5 ③）。これらがセントラルドグマであるのに対して，図 1.5 に点線で示したものが例外となります。RNA をもとに DNA を合成する経路を「逆転写」と呼びます（図 1.5 ④）。RNA の情報をもとに RNA が合成される経路を「RNA 複製」と呼びます（図 1.5 ⑤）。RNA 複製は RNA ワールドの初期には頻繁に行われていたと考えられています。

　セントラルドグマの全容はたとえを用いるとわかりやすく理解できます。生命は DNA の情報を直接利用するのではなく，必要なところだけ RNA という形で写しとって利用します。レシピ本が DNA だとすると，それぞれのレシピが遺伝子であり，RNA はレシピをコピーしたもの，というイメージを抱けばよいでしょう。それに従い，図 1.6 にタンパク質が合成されるまでの様子を表しました。図の上下のイラストと次の文章を比較しながら，セントラルドグマの全容をつ

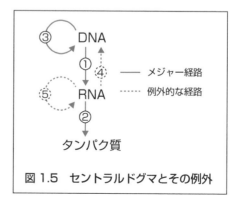

図 1.5　セントラルドグマとその例外

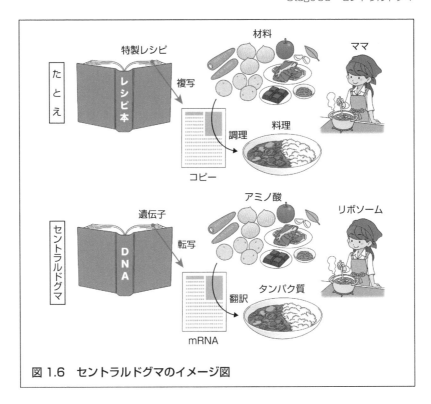

図1.6　セントラルドグマのイメージ図

かんでください。レシピ本（DNA分子）の中に存在する特製レシピ（遺伝子領域）は複写（転写）されることによってレシピのコピー（mRNA）となります。ママ（リボソーム）はレシピのコピー（mRNA）に書かれた情報をもとに材料（アミノ酸）を用いて料理（タンパク質）をつくります（リボソームについてはStage 35（p.84）参照）。この過程を調理（翻訳）と呼びます。

## POINT 05

◆ セントラルドグマとはDNAの情報がRNAの情報に変換されて，最終的にタンパク質という形で表れることをさす。

◆ DNA → RNAの過程を転写，RNA →タンパク質の過程を翻訳と呼ぶ。

◆ RNAワールドの頃はRNA複製と翻訳だけで成立していたと考えられる。

# Stage 06 真核生物と原核生物

## 発達した細胞内骨格の有無が鍵

　皆さんも耳にしたことがあるであろう大腸菌と酵母菌。どちらも菌ですが，生物学では前者がリトルリーグのチームなら，後者はプロ野球チームといってもよいほどの違いがあります。なぜなら，前者は原核生物で，後者は真核生物だからです。私たちヒトも真核生物の一員となります。つまり酵母菌は私たちの仲間ですが，大腸菌は違うということです。ここでは，原核生物と真核生物の違いについて説明します。なお，原核生物の細胞のことを原核細胞，真核生物の細胞のことを真核細胞と呼びます。

　両者の決定的な違いを単刀直入に述べます。真核生物は細胞の中にタンパク質の集合体からなる発達した構造（細胞内骨格）を有するのに対し，原核生物には真核生物におけるそれに相当するような構造が見当たりません。これが両者の最大の違いです。たとえば真核細胞には細胞核と呼ばれる構造があります。これは，核ラミナ（詳しくは Stage 40（p.104）参照）と呼ばれる中間径フィラメント（細胞内骨格のひとつ）が核膜を裏打ちするように支持しているために実現しています。一方，真核細胞が有するような細胞内骨格がない原核細胞には細胞核も存在しません。細胞核があるのが真核細胞，細胞核がないのが原核細胞ととらえている人も多くいますが，それは発達した細胞内骨格を有するか否かの違いによって生じた結果にすぎません。真核細胞には中間径フィラメント以外にも，アクチンフィラメントや微小管などの発達した細胞内骨格が存在します（表 1.2）。また，真核細胞の細胞質中に存在する小胞体やゴルジ体などの膜構造がダイナミックに動くことができるのは，これらの細胞内骨格の存在に起因しています。

　DNA についても真核生物と原核生物では大きな違いがあります。最大の違いは真核細胞の DNA は末端がある線状であることに対して，原核細胞の DNA は末端がない環状構造をしている点です（表 1.2）。また，遺伝子情報の記録方式や利用の仕方にも大きな違いがあります。たとえば，あ

表 1.2　真核細胞と原核細胞の違い

| 特徴 | | 真核細胞 | 原核細胞 |
|---|---|---|---|
| 細胞核 | | ある | ない |
| ミトコンドリア | | ある | ない |
| 真核生物型の細胞内骨格 | アクチンフィラメント | ある | ない |
| | 微小管 | ある | ない |
| | 中間径フィラメント | ある | ない |
| 原核生物型の細胞内骨格 | | ない | ある |
| DNA 分子の形状 | | 複数の線状 DNA | 1 つの環状 DNA |
| スプライソソームによるスプライシング | | 行う | 行わない |
| 細胞分裂速度 | | 遅い | 速い |

るタンパク質の情報を記録している遺伝子領域から，原核細胞では 1 種類のタンパク質しかつくれないのに対して，真核細胞はエキソンと呼ばれる配列を転写時に自在に選択することによって（スプライシング），多種類のタンパク質をつくりだすことができます（表 1.2）。スプライシングにはスプライソソームというタンパク質複合体がかかわります。スプライソソームの働き方については Chapter 4 のコラム（p.92）で詳しく述べます。

　皆さんのなかには，進化的に真核生物のほうが優れているようなイメージをもつ人もいるかもしれません。しかし，それは大きな間違いです。原核生物は無駄をとことん省いてシンプルになるように進化してきたととらえるのが正しいです。その結果，原核細胞は真核細胞では不可能な速度で分裂することができます。限られた栄養源とスペースにおいて両者が生存競争をすれば，真核生物は原核生物には太刀打ちできないわけです。現存している生物たちは，それぞれの環境において生き残るために究極に進化したエリートたちなのです。

　なお，原核生物型の細胞内骨格については，Chapter 5 のコラム（p.103）で説明します。

**POINT 06**

　◆ 大腸菌は原核生物であるのに対して，酵母菌は真核生物である。
　◆ 真核生物内に存在する発達した細胞内骨格を原核生物は有さない。
　◆ 原核生物はシンプルがゆえに増殖速度が速い。

# Stage 07 真正細菌と古細菌

## 原核生物にも２種類ある

　大腸菌も酵母菌もどちらも「～菌」といった呼び方をすること自体が迷惑な話です。大腸原核菌，酵母真核菌といった呼び名であれば，原核生物なのか真核生物なのかを間違えることはないのですが，今さら変えるわけにもいきません。しかし，非常にありがたいことに根粒細菌，藍色細菌（シアノバクテリア），光合成細菌などのように「～細菌」と書かれていたとすれば，それは原核生物だと断定することができます。人間の都合により，種や種類ごとにさまざまな呼ばれ方をしていますが，原核生物は皆，細菌だといってもよいでしょう。

　実は原核生物も，２つのグループに分けることができます。ひとつは真正細菌と呼ばれるグループであり，もうひとつは古細菌（アーキア）と呼ばれるグループです。真正細菌としては，大腸菌やサルモネラ菌などが例として挙げられます。私たちが特に耳にする傾向が多いものが真正細菌といえるでしょう。古細菌には高度好塩菌，メタン菌，好熱菌などの特殊な環境で生育しているものが代表例として挙げられます。昔は古細菌は極限環境にのみ生息する菌と考えられていましたが，最近の研究では，さまざまなマイルドな環境下でも生息していることがわかっています。

　両者とも細胞の表面に細胞壁を有しますが，その成分はまったく異なります。真正細菌の細胞壁はペプチドグリカンと呼ばれるペプチドと糖からなる高分子化合物（ムレインとも呼ばれる）によって構成されています。一方，古細菌のものは熱に対して極めて高い安定性を示すタンパク質が主成分であり，これらがS層と呼ばれる古細菌特有の細胞壁構造をつくります。また，細菌のもつムレインとは構造が異なるシュードムレイン（偽ムレインという意）も含まれます。真正細菌の場合，ペプチドグリカンからなる層が特に厚いと，グラム染色という手法の過程でクリスタルバイオレットという色素によく染まります。そのような真正細菌のことをグラム陽性菌と呼びます（例：放線菌）。逆に層が薄いために染まりの悪い真正

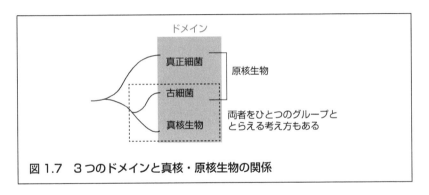

**図 1.7　3つのドメインと真核・原核生物の関係**

細菌をグラム陰性菌と呼びます（例：大腸菌，ピロリ菌）。ただし，古細菌もグラム染色に対しては陰性を示すことになりますが，グラム陰性菌には含めないことになっています。

　さらに DNA に目を向けると，古細菌は真正細菌と異なるさまざまな点があります。確かに環状 DNA 構造である点や，真核細胞と比較してゲノムサイズが極端に小さい点では真正細菌に類似しています。しかし，古細菌が DNA 複製に用いる酵素は，明らかに真核生物に近い構造をしており，転写の開始に真正細菌が用いるシグマ因子も古細菌は利用せず，真核細胞に類似したものを用います（それゆえ，進化的に真核生物は古細菌に近いと考えられています）。また，DNA の構造維持に必要な DNA 結合タンパク質も真正細菌と古細菌ではまったく違うものが用いられています。このように，総合的にみて，真正細菌と古細菌は完全に異なるグループに属しているといえるでしょう。分子生物学に基づく分類学における考え方では，すべての生物を真正細菌ドメイン，古細菌ドメイン，真核生物ドメインという 3 つのドメインに分ける（3 ドメイン説）のが妥当という結論に達しています（図 1.7）。

**POINT** 07

◆ 細菌とついていれば原核生物であると判断してもよい。
◆ 原核生物も大きく真正細菌と古細菌に分けられる。
◆ 分子生物学的な特徴から，古細菌と真核生物をまとめたグループと真正細菌のグループに分けたほうが妥当だという考え方がある。

# Stage 08 ウイルスとプリオン

## 生物のような性質を示す化学物質

　生物は自分とほぼ同じであったり，似たような個体をつくり出していく有機体です。同じような性質を有する有機体の代表はウイルスでしょう。さらにウイルスはタンパク質の情報を核酸上にコードしているので，極めて生物っぽい存在といえるでしょう。しかし，少なくとも生物学の世界ではウイルスは非生物であり，化学物質の複合体として認識されています。

　ではなぜ，ウイルスは非生物として認識されるのでしょうか。地球上に現存する生物は，すべて細胞という自己複製に必要な代謝系を備えたユニットで構成されることになりますし，遺伝子を DNA という化学物質で保存していることになります。一方，ウイルスは細胞という形態はもたず，遺伝子を DNA もしくは RNA で保存していることになります。ただし，これは結果論であり，概念としてウイルスが生物でないことを指し示しているわけではありません。ウイルスが生物ではないと定義づける最大

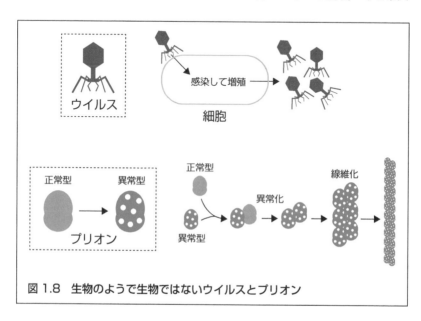

図 1.8　生物のようで生物ではないウイルスとプリオン

の理由を乱暴な表現で述べるならば，「自力で自己複製できない」からで
しょう。生物は外界から自身を複製するための栄養をとり込み，自身がも
つ代謝系を利用して，次世代をつくり出していきます。一方，ウイルスは
何らかの細胞に感染した場合に，感染した先に存在する栄養と代謝系を利
用して，自身と同じコピーを作成します（図1.8）。結局，そこに人間が学
術的な境界線を引いたために，ウイルスは非生物として認識されていると
もいえるでしょう。

　ただし，ウイルスの中には2,500個を超える遺伝子数をもつものもいま
す。一方，カルソネラ・ルディアイというキジラミの細胞内に共生してい
る細菌は，その10分の1にも満たない遺伝子数しかありません。しかも，
自身が有する細胞だけで自己複製することができず，別の細胞の中に侵入
して，侵入先の細胞の代謝系を活用することによって自己複製を実現して
います。おいおい，ウイルスと何が違うのだ？という感じですよね。明ら
かに他力で自己複製するものが生物と認識されているわけですから，生物
と非生物の境界線はかなり曖昧なものだといえるでしょう。

　自力で自己複製を行うことが生物であることに必要とされないのなら
ば，プリオンも生物に含まれるかもしれません。プリオンは神経系に存在
するタンパク質のひとつですが，これがごくまれに異常型になることがあ
ります。この異常型のプリオンのやっかいなところは正常型のプリオンと
結合すると正常型も異常型に変化させる点です。さらに，異常型のプリオ
ンどうしは結合して線維状の構造を形成し，その結果，神経細胞を死に至
らしめます（図1.8）。これが原因となる病気が，牛では狂牛病として，ヒ
トではクロイツフェルト・ヤコブ病として知られています。

## POINT 08

◆ 生物学の世界ではウイルスは非生物として認識するのが主流であ
る。
◆ 自身が有する代謝系だけで自己複製をできないことがウイルスを非
生物としてとらえるうえでの重要要素となる。
◆ タンパク質で構成されるプリオンは，異常型になった際に，正常型
のプリオンを次々と異常型に変化させる。

# 「私たちの人生なんて1秒間以下」

　生命の歴史である 38 億年。この間，生命は遺伝子を世代から世代へと引き継いできました。この 38 億年という時間，あまりに長すぎて実感できませんよね。これを 365 日に置き換えるとどうなるでしょう。できるだけ最新の学説に沿った年代を図に記載しました。それに従って，図の中では 38 億年前を 1 月 1 日 0 時 0 分として換算した日付を，さらに 12 月 31 日については時間帯も記載してみました。生命の進化の歴史の背景に想像を絶する悠久の時があることを感じていただけるのではないでしょうか。この換算でいくと，私たちの人生なんて 1 秒間にも満たないちっぽけなものなのです。

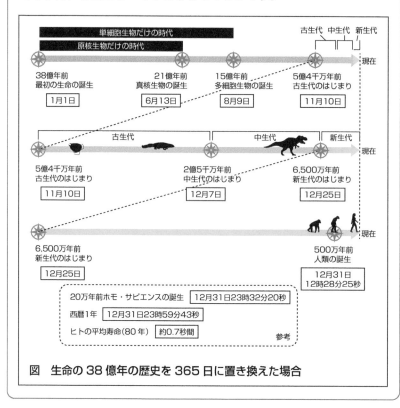

**図　生命の 38 億年の歴史を 365 日に置き換えた場合**

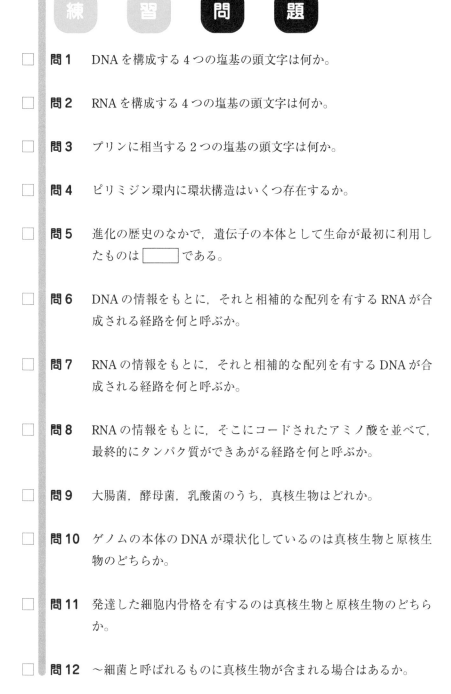

問 1 　DNA を構成する 4 つの塩基の頭文字は何か。

問 2 　RNA を構成する 4 つの塩基の頭文字は何か。

問 3 　プリンに相当する 2 つの塩基の頭文字は何か。

問 4 　ピリミジン環内に環状構造はいくつ存在するか。

問 5 　進化の歴史のなかで，遺伝子の本体として生命が最初に利用したものは [    ] である。

問 6 　DNA の情報をもとに，それと相補的な配列を有する RNA が合成される経路を何と呼ぶか。

問 7 　RNA の情報をもとに，それと相補的な配列を有する DNA が合成される経路を何と呼ぶか。

問 8 　RNA の情報をもとに，そこにコードされたアミノ酸を並べて，最終的にタンパク質ができあがる経路を何と呼ぶか。

問 9 　大腸菌，酵母菌，乳酸菌のうち，真核生物はどれか。

問 10 　ゲノムの本体の DNA が環状化しているのは真核生物と原核生物のどちらか。

問 11 　発達した細胞内骨格を有するのは真核生物と原核生物のどちらか。

問 12 　〜細菌と呼ばれるものに真核生物が含まれる場合はあるか。

**問 13** 真正細菌が有する細胞壁の主成分は何か。

**問 14** 厚い細胞壁を有するため，グラム染色でよく染まる真正細菌の
ことを何と呼ぶか。

**問 15** ウイルスが非生物とされるのは，自身のもつ代謝系を用いた
[　　　　　]ができないからである。

解　答

問 1　A, C, G, T
問 2　A, C, G, U
問 3　A, G
問 4　1つ
問 5　RNA
問 6　転写
問 7　逆転写
問 8　翻訳
問 9　酵母菌
問 10　原核生物
問 11　真核生物
問 12　ない
問 13　ペプチドグリカン
問 14　グラム陽性菌
問 15　自己複製

# Chapter 2
# タンパク質

生命体をひとつの情報社会としてとらえるならば，情報は DNA などの核酸ですが，その情報を用いて実際に動いているツールはタンパク質ということになります。それゆえ，生命現象を知るということはタンパク質にはどのようなものがあって，どのような働きを有しているのかを知ることが重要になります。本章ではタンパク質に焦点を当てて，学んでいきましょう。

# Stage 09 細胞核内で働くタンパク質

## ヒストンや転写因子など

　遺伝子はタンパク質の情報をコードしています。それゆえ，分子生物学では，まずどのようなタンパク質があるのかを把握することが重要です。タンパク質は細胞の内外のどちらでも，また内側のさまざまな領域で働いています。タンパク質の種類を学ぶうえでは，領域ごとにとらえていくのがわかりやすいです。特に細胞核（図2.1）がある真核細胞は，その領域を明確にするうえでよい対象です。

　ここでは，まず細胞核内において活躍するタンパク質の代表例を紹介します。それらをDNAに常に結合して働くもの（DNA常時結合型），DNAにたまに結合して働くもの（DNA不定期結合型），そしてDNAに結合しないもの（DNA非結合型）に分けて，順番に説明していきます。

　DNAは細胞が置かれている状況や時期によって，ダイナミックに構造を変化させます。それゆえ，DNA常時結合型といっても，細胞核が観察できる時期の細胞において，ほぼすべての時期においてDNAに結合しているタンパク質としてとらえてください。そのようなタンパク質の代表格はヒストンです（図2.1）。DNAは，ひょろひょろとした糸状の分子のままではなく，ヒストンと呼ばれるタンパク質に巻きとられて整理した形で細胞核内に存在しています。特にヒストンの周りを146塩基対の長さのDNAが1.75周巻きついた構造をヌクレオソームと呼びます。細胞核の中には，いくつかの核内構造体と呼ばれる領域があります。有名なものでは核小体（仁とも呼ばれる）ですが，ここではリボソームRNA（rRNA）の転写が行われ，リボソームの形成に重要な領域となります。それ以外に，カハール体，パラスペックル，核スペックルなどの領域が存在し（遺伝子発現制御においてそれぞれ独立した役割がある），やはりそれらの領域を特徴づけるDNA結合タンパク質が存在しています。

　DNA不定期結合型のタンパク質の代表例はDNA上の情報を利用するタンパク質になります。詳しくはChapter 3で学ぶので，ここではDNA

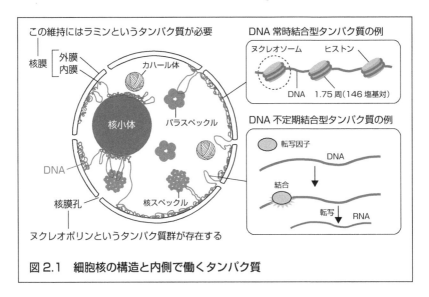

図 2.1 細胞核の構造と内側で働くタンパク質

の複製や修復にかかわるタンパク質群，DNA から RNA の転写にかかわる転写因子などのタンパク質群（図 2.1）がそれらに相当するとだけとらえておきましょう。特に DNA から RNA の転写にかかわるタンパク質のなかには，普段は細胞質中に存在するものの，必要に応じて細胞核内に移動して働くものも多く含まれています。このように，一時的に細胞核内に移動するタンパク質も核内タンパク質と呼ばれています。

　DNA 非結合型のタンパク質は核膜に関するものになります。核ラミナの形成にかかわる細胞骨格系のタンパク質であるラミンや，核膜孔において複合体を形成するタンパク質群（ヌクレオポリン）などがそれに相当するでしょう。これらが細胞質と境界線を構築することで，真核生物における理想的な DNA の活用が実現しているともいえます。

**POINT** 09

◆ DNA がヒストンに巻きとられた構造をヌクレオソームと呼ぶ。
◆ 細胞核内には核小体のほかにも，カハール体などのさまざまな細胞核内構造体が存在する。
◆ 転写因子とは DNA に結合することによって，特定の遺伝子の転写を促す，もしくは阻害するタンパク質である。

# Stage 10 細胞質で働くタンパク質

## 細胞内小器官やシグナル伝達にかかわるタンパク質

　細胞質にはミトコンドリアやリボソームなど（植物細胞なら葉緑体など），さまざまな細胞内小器官が存在します。それぞれの細胞内小器官ごとに特定の働きがあり，それを特徴づける酵素タンパク質が存在しています。たとえば，ミトコンドリアには酸素呼吸に関する各種酵素群はもちろん，脂肪酸の $\beta$ 酸化経路（長鎖の脂肪酸を栄養として利用する反応系）やアポトーシス（細胞が自殺する現象）などに至るまで，莫大な種類の酵素タンパク質がかかわっています（図2.2左）。また，リボソームにいたっては，その小器官そのものが複数のタンパク質を用いて形成されています（詳しくは Stage 24（p.58）参照）。

　細胞の外から細胞核の内側に情報を伝える際に，細胞質基質（細胞質のうち細胞内小器官を含めない背景となる領域）で働くタンパク質の例を紹介します。細胞質基質には，その役割を担うタンパク質が刺激に応じて活性化され，活性化されたタンパク質が別のタンパク質を連鎖的に活性化するような形で情報が細胞内において伝えられていきます（詳しくは Stage 37（p.88）参照）。この連鎖反応の担い手の代表格が，別のタンパク質のリン酸化を引き起こす酵素であるキナーゼ（kinase）です。たとえば，マップキナーゼ（MAPK）と呼ばれるタンパク質はリン酸化されることによってキナーゼ活性を有するようになり，別のタンパク質をリン酸化するようになります。マップキナーゼをリン酸化するタンパク質はマップキナーゼキナーゼ（MAPKK）と呼ばれるのですが，これもリン酸化されることで活性化されます。そのさらに上位にくる酵素をマップキナーゼキナーゼキナーゼ（MAPKKK）と呼びます（図2.2右）。

　MAPKKK の中には Raf とも呼ばれるものがあります。Raf の活性化は，リン酸化ではなく二量体化によって生じます。さらに Raf の活性化は Ras と呼ばれるタンパク質によって生じます（図2.2右）。Ras はグアノシン三リン酸（GTP）が結合しているときに活性化状態となり，Raf の二量体

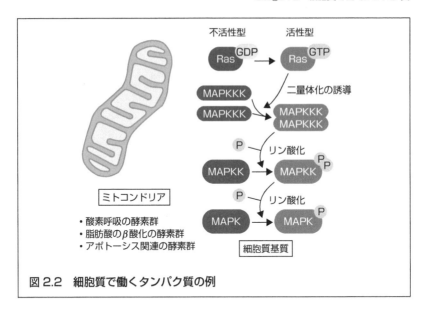

図 2.2　細胞質で働くタンパク質の例

化を導きますが，グアノシン二リン酸（GDP）と結合しているときはその活性をもちません。このように，GTP と結合しているか，GDP と結合しているかによって活性が異なるタンパク質も多数存在します。

　これらのさまざまな細胞内小器官や細胞質基質中での反応が的確な場所で行われるためには，細胞質中に網目状に存在する細胞内骨格（Chapter 5（p.97～）参照）の存在が欠かせません。細胞内骨格もタンパク質によって形成されており，やはり細胞質で働くタンパク質として無視することはできません。

**POINT** 10

◆ ミトコンドリアは酸素呼吸のほかにも β 酸化などさまざまな重要な役割を有する細胞内小器官である。
◆ 細胞質には，細胞の外からの刺激を，細胞核内をはじめとしたさまざまな細胞内の場所に伝えるためのタンパク質が多種類存在している。
◆ 細胞内骨格もタンパク質によって構成されており，そのほとんどのものは細胞質で働く。

# Stage 11 細胞膜上で働くタンパク質

## 細胞の内外をつなぐタンパク質

　細胞膜は文字どおり細胞の外と内を分ける境界に存在する膜です。脂質二重層（図2.3）と呼ばれるリン脂質のリン酸（親水性）が外側に，炭化水素鎖からなる脂質（疎水性）が内側になる形をしています。この二重層の膜上に存在するタンパク質を総称して膜タンパク質と呼びます。外と内との境界線ではさまざまなドラマが生まれることは想像に難くありません。そのドラマの主役こそ膜タンパク質といえるでしょう。ここでは膜タンパク質の代表的な3つの例を紹介します。

　膜タンパク質の代表例は膜輸送タンパク質です。外から内側（もしくはその逆）に特定の物質を輸送する役割を果たします。それにはチャネルタンパク質もしくは運搬タンパク質がかかわります（図2.4）。チャネル（channel）とは「水路」のことですが，何らかの刺激によって水路が開かれると，特定の物質（ナトリウムイオンやカルシウムイオンなど）が輸送されます。一方，形状を変化させて輸送するものが運搬タンパク質です。これは，濃度勾配に従って変形するものと，濃度勾配に関係なくATPをADPにする際などに生じるエネルギーを用いて変形するものに分かれます。前者とチャネルの場合を含めて受動輸送，後者を能動輸送と呼びます。

　膜タンパク質の第二の例は受容体タンパク質です。細胞の外側には，細胞自身に刺激を与えるさまざまな物質が存在します。それらの物質はリガンドと呼ばれており，野球のボールのような存在です。それを受けとるグローブが受容体タンパク質となります。膜の外側で物質を受容した場合に，膜の内側の触媒活性が変化して，前項で述べたような細胞質内のさまざまなタンパク質の活性を変化させるものも多数存在しています。実はチャネルタンパク質のなかには，外界の物質を受容してチャネルを開くものがあり，それらも受容体タンパク質の一種といえます。また，膜を7回出たり入ったりする膜7回貫通型受容体も典型的な受容体の一種です。

　最後の例は細胞接着分子です。最も代表的な例はカドヘリンです。カド

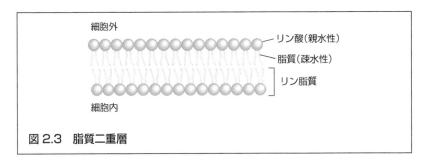

**図 2.3　脂質二重層**

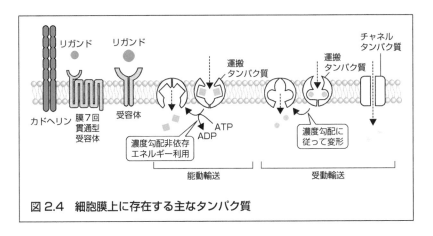

**図 2.4　細胞膜上に存在する主なタンパク質**

ヘリンは多種類存在しますが，細胞は自身が属する器官や組織ごとに，それぞれに特異的な種類のカドヘリンを発現します。つまり，A という組織に属する細胞 $\alpha$ はカドヘリン A のみを，B という組織に属する細胞 $\beta$ はカドヘリン B のみを発現することになります。カドヘリンは同じ種類のものどうしで握手するように結合する性質があるので，細胞 $\alpha$ は細胞 $\alpha$ のみ，細胞 $\beta$ は細胞 $\beta$ のみとしか結合できないことになります。

**POINT** 11

◆ 細胞膜の土台は脂質二重層という構造によって成立している。
◆ 脂質二重層を貫通したり，埋め込まれたりする形で存在するタンパク質を膜タンパク質と呼ぶ。
◆ 受容体タンパク質のなかには膜を 7 回貫通するものが存在する。

# Stage 12 細胞外で働くタンパク質

## 細胞外の空間を彩る役者たち

　細胞はその外側にもタンパク質を放出（分泌）します。これらのタンパク質を分泌タンパク質と呼びます。その代表例を4つ紹介します。

　第一に挙げられるのが，前項でボールにたとえたリガンドです（図2.4参照）。これは受容体に結合することによって，結合した受容体をもつ細胞に刺激を与えることになります。リガンドが分泌した自身の細胞に働きかける場合をオートクリン，隣接する細胞や近傍の細胞に働きかける場合をパラクリン，離れた細胞に働きかける場合をエンドクリンと呼びます。特定の組織の細胞などは，自分自身や隣接する細胞群が同じ状態を維持するためにオートクリンやパラクリンをよく用います。インスリンなどのホルモンはエンドクリンの例といえます（図2.5）。

　第二に，私たちのもつ消化管の内腔で活躍する消化酵素が挙げられます。細胞の外側に存在する栄養源となる高分子化合物を細胞内に吸収できる低分子化合物に変化させることが主な役割といえるでしょう（章末のコラム（p.46）参照）。

　第三に抗体タンパク質が挙げられます。抗体とは免疫系で活躍するB細胞が分泌するタンパク質であり，特定の構造をした外敵（抗原）に結合して，無毒化したり排除することに役立てられます（詳しくはStage 72（p.194）参照）。

　第四に細胞外マトリックスを構成するタンパク質が挙げられます（図2.6）。私たちの体は細胞だけで構成されているわけではなく，細胞の外につくられた構造体も活用しています。骨などは細胞外マトリックスが主成分となる代表例です。プロテオグリカン，フィブロネクチン，ラミニンなどの分泌タンパク質が細胞外マトリックスの主成分として用いられるタンパク質です。後ろ2つは細胞膜を貫通する膜タンパク質であるインテグリンと結合する特徴があります。骨などの大がかりな構造をつくるだけではなく，同じ種類の細胞が並ぶための基盤としたり，細胞どうしが接着する

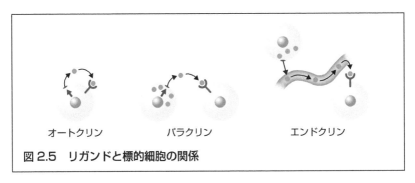

オートクリン　　　　　パラクリン　　　　　エンドクリン

**図 2.5　リガンドと標的細胞の関係**

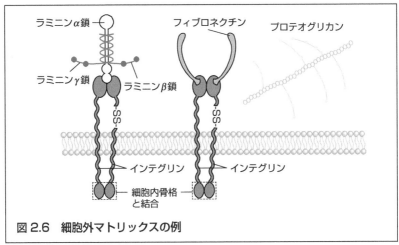

ラミニンα鎖

フィブロネクチン　　　プロテオグリカン

ラミニンγ鎖　　　　ラミニンβ鎖

-SS-　　　-SS-

インテグリン　　　インテグリン

細胞内骨格
と結合

**図 2.6　細胞外マトリックスの例**

ためになど，さまざまな目的で細胞外マトリックスは存在します。がん化
した細胞が浸潤，転移する際には細胞外マトリックスを分解して進むこと
なども知られています。

**POINT** 12

◆ 分泌様式はリガンドを分泌する細胞と受けとる細胞の違いによっ
　て，オートクリン，パラクリン，エンドクリンに分けられる。
◆ 細胞外マトリックスとは細胞の外に存在する特定タンパク質群が中
　心となって形成される構造である。
◆ インテグリンは細胞膜を貫通する膜タンパク質であり，フィブロネ
　クチンやラミニンなどの細胞外マトリックスを構成するタンパク質
　と結合している。

# Stage 13 アミノ酸の表記方法

## 分子生物学の世界で生きるためのお作法

　生体の中では遺伝子暗号に応じて，20種類のアミノ酸が並べられますが，その解析をする際などに，アミノ酸を3文字や1文字で表記します。この表記法の暗記は解析をする人には必須です。そこまで必要としない人もいると思いますが，そのような人も是非，分子生物学の黎明期において科学者が思い悩んだ様子を楽しむつもりで読み進めてみてください。1文字表記がどのように決定されたのかについてのストーリーです。

　まず頭文字がそのまま表記に使われているわかりやすいものが11個あります。表2.1の由来の欄に1文字目と書かれているものです。わかりやすいので説明は割愛します。次に1文字目はすでに用いられていたので，2文字目を用いたパターンです。これに当てはまるのが，チロシン（tyrosine）とアルギニン（arginine）であり，それぞれ2文字目のYとRが用いられました。リシン（lysine）については，2文字目も使われているため，Lの1つ前のアルファベットであるKが用いられました。フェニルアラニンは発音重視でFが用いられました。困ったのはアスパラギン酸（aspartic acid）です。最後のアルファベットであるD以外はすべてすでに使用されていました。よって，Dとなりました。グルタミン酸は構造式を眺めていただければ，アスパラギン酸とそっくりなので，Dの次となるEとなりました。またまた困ったのはアスパラギン（asparagine）です。最後から2番目のN以外のすべてのアルファベットが使われていました。また，3文字表記の際の最後の文字もNとなります。それゆえ，アスパラギンはNとなりました。グルタミンはアスパラギンと似ているので，Nの次のOとしたいのですが，Oはゼロと間

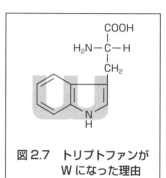

図2.7　トリプトファンがWになった理由

表2.1 アミノ酸の表記法

| アミノ酸 | 英語名 | 3文字表記 | 1文字表記 | 由来 |
|---|---|---|---|---|
| グリシン | glycine | Gly | G | 1文字目 |
| アラニン | alanine | Ala | A | 1文字目 |
| バリン | valine | Val | V | 1文字目 |
| ロイシン | leucine | Leu | L | 1文字目 |
| イソロイシン | isoleucine | Ile | I | 1文字目 |
| プロリン | proline | Pro | P | 1文字目 |
| セリン | serine | Ser | S | 1文字目 |
| スレオニン | threonine | Thr | T | 1文字目 |
| メチオニン | methionine | Met | M | 1文字目 |
| システイン | cysteine | Cys | C | 1文字目 |
| ヒスチジン | histidine | His | H | 1文字目 |
| チロシン | tyrosine | Tyr | Y | 2文字目 |
| アルギニン | arginine | Arg | R | 2文字目 |
| リシン | lysine | Lys | K | 1つ前 |
| フェニルアラニン | phenylalanine | Phe | F | 発音 |
| アスパラギン酸 | aspartic acid | Asp | D | 最終文字 |
| グルタミン酸 | glutamic acid | Glu | E | Asp 由来 |
| アスパラギン | asparagine | Asn | N | 最終文字 |
| グルタミン | glutamine | Gln | Q | Asn 由来 |
| トリプトファン | tryptophan | Trp | W | 構造 |

違いやすいので却下され，P は使われているので，その次の Q となりました。最後に残ったのがトリプトファン（tryptophan）です。もはや使えるアルファベットが残っていません。苦肉の策として，トリプトファンの構造式において側鎖の2つの環状構造の形とアルファベットの W が似ているので，W となりました（図2.7）。

**POINT** 13

◆アミノ酸の表記には3文字で表すものと1文字で表すものがある。

◆1文字表記のうち，アミノ酸の頭文字が使われていないものが9個ある。

◆トリプトファンは W。

# Stage 14 親水性アミノ酸の覚え方

## 側鎖に水酸基やカルボキシ基を有するアミノ酸

　アミノ酸は20種類ありますが，それぞれ異なる性質を有します。それが組み合わされるからこそ，さまざまな機能を有するタンパク質ができあがります。アミノ酸のそれぞれの機能をとらえるうえで重要な要素は，親水性なのか疎水性なのかという点です。親水性のアミノ酸はタンパク質の立体構造の中では表面側に，疎水性のアミノ酸は内側にいく傾向があります。本項では，親水性のアミノ酸がどのようなものかを学びましょう。

　アミノ酸は主に C（炭素），H（水素），O（酸素），N（窒素）からなる有機物です。システインとメチオニンだけは S（硫黄）も含まれますが，原則 CHON です。生体内において CHON で構成される有機物質が親水性を示すとすれば，必ずといってよいほど，分子内に水酸基（−OH），カルボキシ基（−COOH），もしくはアミノ基（−NH$_2$）を有します。すべてのアミノ酸は主鎖にカルボキシ基とアミノ基が存在しますが，これは図2.8の左上に示すとおり，隣接するアミノ酸どうしの結合に使われるため，タンパク質内での親水性に寄与しません。大事なのは側鎖がどうなっているかです。

　水酸基をもつアミノ酸はセリン（S）とスレオニン（T）です。カルボキシ基をもつアミノ酸はグルタミン酸（E）とアスパラギン酸（D）です。それゆえ，まず，親水性のアミノ酸は STED と覚えましょう。アスパラギン酸とグルタミン酸は，カルボキシ基が変化してアミノ基が結合することによって，それぞれグルタミン（Q）とアスパラギン（N）になります。これらも親水性です。そのほかにアミノ基を側鎖にもつアミノ酸としてアルギニン（R）とリシン（K）があります。以上，STEDQNRK の8つが親水性のアミノ酸となります。図2.9の語呂合わせで覚えましょう。

　セリン（S）とスレオニン（T）の水酸基はリン酸が結合する際にも用いられます。セリンとスレオニンにリン酸が結合しているときに示す性質は，グルタミン酸やアスパラギン酸とかなり似た状態になります。それゆ

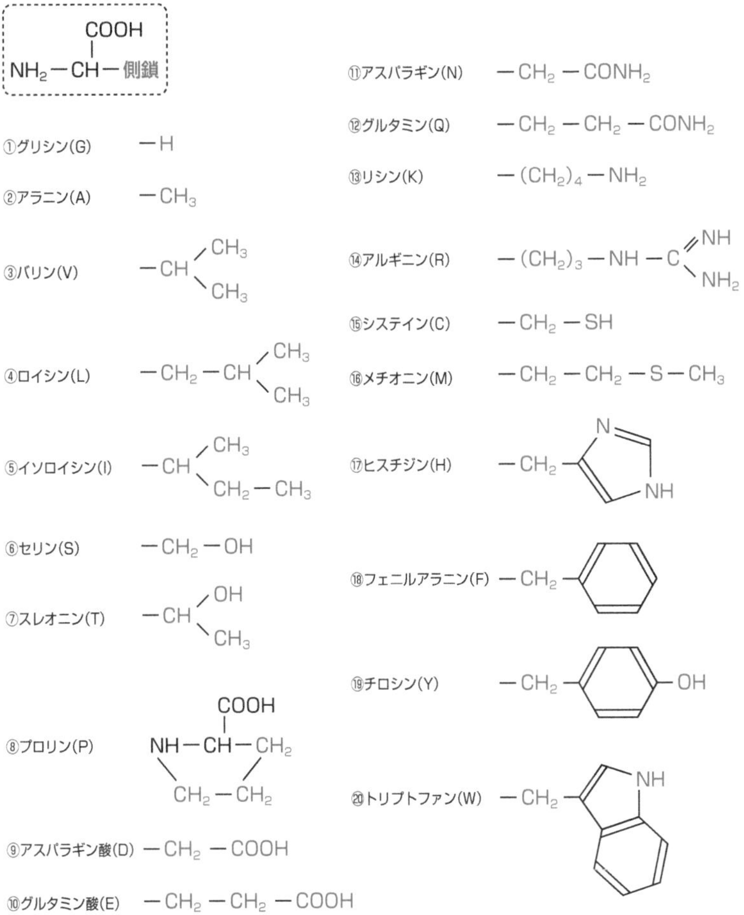

$$\begin{array}{c} \text{COOH} \\ | \\ \text{NH}_2-\text{CH}-\text{側鎖} \end{array}$$

①グリシン(G)　　　　ー H

②アラニン(A)　　　　ー CH$_3$

③バリン(V)　　ー CH $\diagup$ CH$_3$ $\diagdown$ CH$_3$

④ロイシン(L)　　ー CH$_2$ーCH $\diagup$ CH$_3$ $\diagdown$ CH$_3$

⑤イソロイシン(I)　ー CH $\diagup$ CH$_3$ $\diagdown$ CH$_2$ーCH$_3$

⑥セリン(S)　　　　ー CH$_2$ーOH

⑦スレオニン(T)　ー CH $\diagup$ OH $\diagdown$ CH$_3$

⑧プロリン(P)　$\begin{array}{c} \text{COOH} \\ | \\ \text{NH}-\text{CH}-\text{CH}_2 \\ | \quad\quad | \\ \text{CH}_2-\text{CH}_2 \end{array}$

⑨アスパラギン酸(D)　ー CH$_2$ ー COOH

⑩グルタミン酸(E)　ー CH$_2$ ー CH$_2$ ー COOH

⑪アスパラギン(N)　　ー CH$_2$ ー CONH$_2$

⑫グルタミン(Q)　　ー CH$_2$ ー CH$_2$ ー CONH$_2$

⑬リシン(K)　　　　ー (CH$_2$)$_4$ ー NH$_2$

⑭アルギニン(R)　ー (CH$_2$)$_3$ ー NH ー C $\diagup$ NH $\diagdown$ NH$_2$

⑮システイン(C)　　ー CH$_2$ ー SH

⑯メチオニン(M)　　ー CH$_2$ ー CH$_2$ ー S ー CH$_3$

⑰ヒスチジン(H)　ー CH$_2$ （イミダゾール環 N, NH）

⑱フェニルアラニン(F)　ー CH$_2$ （ベンゼン環）

⑲チロシン(Y)　　ー CH$_2$ （ベンゼン環）ー OH

⑳トリプトファン(W)　ー CH$_2$ （インドール環 NH）

**図2.8　アミノ酸の構造式**

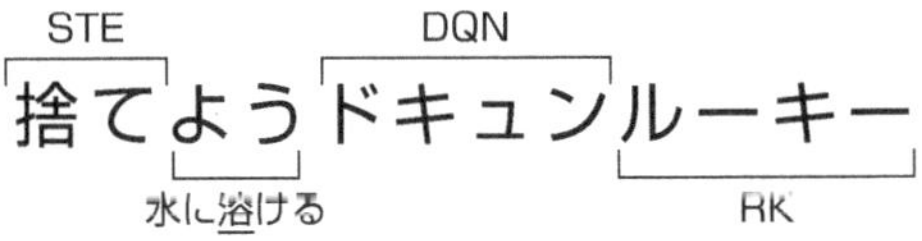

STE　　　　DQN

# 捨てようドキュンルーキー

水に溶ける　　　　　RK

**図2.9　親水性アミノ酸を覚える語呂合わせ**

え，リン酸化によって活性化されるタンパク質を研究の対象にする際，そのタンパク質内のリン酸化に用いられるセリンもしくはスレオニンをグルタミン酸やアスパラギン酸に置き換えることによって，常時活性化した形のタンパク質に人工的につくり替えるという手法が用いられます。

## POINT 14

◆ タンパク質の表面には親水性アミノ酸が，内側には疎水性アミノ酸が配置される傾向が高い。
◆ 生物が用いる有機物の親水性のほとんどは，水酸基（−OH），カルボキシ基（−COOH），もしくはアミノ基（−NH₂）に依存する。
◆ STEDQNRK が特に親水性を示すアミノ酸である。

**column**

# 「アミノ酸の構造式と<br>覚える順番」

　20種類のアミノ酸の構造式は覚えられるなら覚えたほうがよいので，その記憶する順序を教えましょう。図の①グリシンから順番に②アラニン，③バリン，④ロイシン ……，⑳トリプトファンと覚えていくのがコツです。

　まず，単純にメチル基（−CH₃）が伸びていくものとして①グリシンから⑥フェニルアラニンを覚えます。③バリンの変形として⑦プロリンを，⑥フェニルアラニンに水酸基が付加されたものとして⑧チロシンを覚えます。次に親水性のアミノ酸として水酸基をもつ⑨セリンと⑩スレオニンを，カルボキシ基をもつ⑪アスパラギン酸と⑫グルタミン酸を覚えましょう。⑪アスパラギン酸と⑫グルタミン酸はアミド化されることで⑬アスパラギンと⑭グルタミンになるのでセットで覚えましょう。さらに硫黄を有するアミノ酸として，単純な形をした⑮システイン，そして開始アミノ酸にもなる⑯メチオニンを覚えましょう。最後に，塩基性アミノ酸の4つである⑰リシンから⑳トリプトファンについて単純なものから順番に覚えていきましょう。

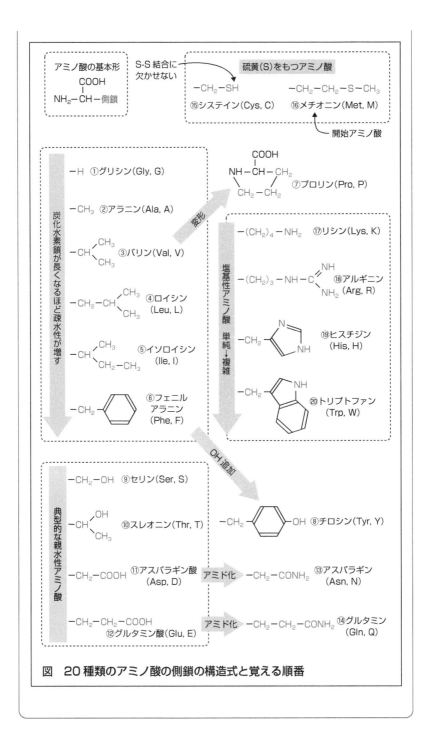

図　20種類のアミノ酸の側鎖の構造式と覚える順番

# Stage 15 疎水性アミノ酸の覚え方

## 側鎖に炭化水素鎖などをもつアミノ酸

　前項に続き，本項もアミノ酸の覚え方になります。分子生物学の研究を行う際にはアミノ酸の特性を把握していることが必要不可欠ですが，実験的に分子生物学をとり扱わない人は，本項は疎水性のアミノ酸の特徴と数をとらえるつもりで読んでください。

　ガソリンは水と混ざりません。なぜなら，ガソリンの主成分はオクタンに代表される炭化水素鎖のみからなる化学物質だからです。このように炭化水素鎖や炭化水素が環状になったベンゼン環などの構造を有する化学物質は疎水性度が高くなります。この視点はアミノ酸にも適用することができ，疎水性を示すアミノ酸の側鎖には炭化水素鎖やベンゼン環などの主に炭化水素を含む環状構造が含まれることになります（図2.10）。

　炭化水素鎖が側鎖に存在するものは，バリン(V)，ロイシン(L)，イソロイシン(I)，プロリン(P) です。前項の図2.8に示した構造式も参考にしてください。そもそもイソロイシンはロイシンの異性体ですので，異性体を表す接頭語のイソがついているアミノ酸となります。ベンゼン環を有

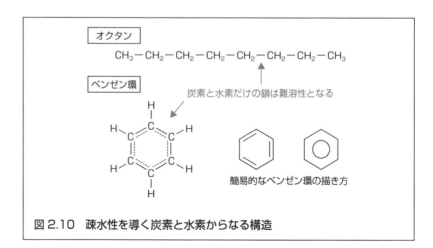

図2.10　疎水性を導く炭素と水素からなる構造

VIFLY

# エビフライパウダー

PW

＊フライといえば油　→　疎水性

**図2.11　疎水性アミノ酸を覚える語呂合わせ**

するものは，フェニルアラニン（F）とチロシン（Y）です。また，ベンゼン環に似た環状の構造を有するものはトリプトファン（W）です。以上，VLIPFYW の7つが代表的な疎水性のアミノ酸となります。このままでは覚えにくいと思うので，語呂合わせ「エビフライパウダー」で覚えてください（図2.11）。

なお，チロシンも水酸基（−OH）を有しているように見えますが，隣接するベンゼン環の影響を大きく受けます。ベンゼン環に水酸基（−OH）が合体した化学物質はフェノールであり，これは水に溶けることのない疎水性溶媒です。それゆえ，チロシンも疎水性を有することになります。

ここでリン酸化されるタンパク質の話をしておきましょう。前項で登場した親水性アミノ酸であるセリンとスレオニンは水酸基を有します。そこがリン酸化の対象となります。一方，今回登場した疎水性アミノ酸であるチロシンの水酸基もリン酸化によく用いられます。生物の中でリン酸化を引き起こす酵素であるキナーゼは，セリンもしくはスレオニンを標的とするセリンスレオニンキナーゼと総称されるグループと，チロシンを標的とするチロシンキナーゼと総称されるグループに大別することができます。

## POINT 15

◆ 生物が用いる有機物の疎水性の多くは，炭化水素からなる鎖やベンゼン環の存在に依存する。

◆ VIFLYPW が特に疎水性を示すアミノ酸である。

◆ タンパク質にリン酸が結合するとき，親水性アミノ酸であるセリンとスレオニンがリン酸付加の対象となる場合と，疎水性アミノ酸であるチロシンが対象となる場合がある。

# Stage 16 ポリペプチドの二次構造

## タンパク質の立体構造ができる第一段階

　アミノ酸がペプチド結合によって並んだものをポリペプチドと呼びます。アミノ酸を適当に並べたとして，それが，生物がつくるポリペプチドのように，最終的にタンパク質として何らかの機能をもつ可能性はどれくらいでしょうか。これは限りなくゼロに近い確率になります。なぜなら，それが機能をもつためには，一定の法則性のある並び方をする必要があるからです。その代表的な要素が今回学ぶ二次構造になります。直線状に並べられたポリペプチドを一次構造と呼びますが，これは二次構造，三次構造，場合によっては四次構造という過程を経て，タンパク質として機能を有することになります。この二次構造の段階ですら，適当に並べたアミノ酸配列で形成されることはまずありえません。ここでは，二次構造とはどういうものかについて学んでいきましょう。

　二次構造は「部分的な立体構造」と呼ぶことができます。生物がつくるポリペプチドは，一定の規則性によってつくられた「部分的な立体構造」を組み合わせてつくられます。これには $\alpha$ ヘリックスと $\beta$ シートという 2 つの種類のものが存在します。

　図 2.12 の上に典型的な $\alpha$ ヘリックスの構造を示しました。$\alpha$ ヘリックスとはアミノ酸がらせん状に並び，トータルで筒状の構造をした部分的な立体構造です。一巻きが平均 3.6 アミノ酸から形成されており，その距離は約 0.54 nm となります。また巻き方は必ず右巻きのらせん構造となります。ポリペプチドの主鎖に存在するアミノ基由来の領域とカルボキシ基に由来する領域が水素結合によって結ばれています。また，図の下には典型的な $\beta$ シートの構造を示しました。$\beta$ シートはアミノ酸が何度か折りたたまれながら平面上に並んだ構造をしています。最小単位となるひとつの折り返しは 2 アミノ酸分であり，その距離は約 0.7 nm となります。$\beta$ シートの場合も水素結合に用いられるアミノ酸の領域は同じですが，構成されるアミノ酸の種類によって，折りたたまれほうの多様性は高くなります。

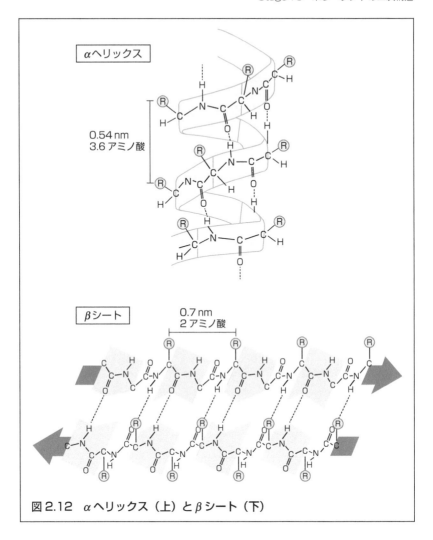

図2.12　αヘリックス（上）とβシート（下）

◆ アミノ酸が並んだ段階のポリペプチドを一次構造と呼ぶが，その後，立体構造をつくる過程で機能を獲得していく。

◆ 二次構造の形成とは部分的な立体構造であるαヘリックスとβシートが形成されることをさす。

◆ 二次構造の形成にはアミノ酸の間で行われる水素結合が必要不可欠である。

# Stage 17 ポリペプチドの三次構造

## タンパク質の全体構造ができる過程

　適当にアミノ酸を並べたとしても，生体内で触媒などの機能を有する化学物質になることはまずありえないという話は既述しましたが，機能をもつ場合は，今回説明する三次構造の時点で，そのタンパク質に特異的な機能が獲得されるといえます。プラモデルのロボットを作成する際も，腕や足などの各パーツを別々に作成し，あとで合体させることになると思います。これと同じく，αヘリックスやβシートというパーツを適切に組み合わせることによって「全体的な立体構造」がつくられます。これをポリペプチドの三次構造と呼びます。

　このαヘリックスやβシートといった形成されたパーツが細胞質中で自然と正しく折りたたまれて「全体的な立体構造」に至ることはまずありません。それを専門とする役者であるシャペロンという分子（シャペロン自体もタンパク質のひとつ）が存在します。シャペロンとはもともと西洋において貴族の娘さんに付き添う大人のことをさします。人前で娘が粗相のないよう導く役割を担っています。細胞の中におけるシャペロンとは，二次構造にまで至ったポリペプチド鎖が間違った形で折りたたまれないよう，正しく導く分子といえるでしょう（図2.13）。図ではαヘリックスがらせん状で，βシートが矢印で描かれています。このように2種類もしくはどちらかの「部分的な立体構造」が適切に折りたたまれる過程が，タンパク質が機能を有する過程では必要不可欠になるわけです。なお，シャペロンの働きは単なる折りたたみの補助だけではなく，できあがったと思われるタンパク質の状態も常に見張っています。つまり品質管理役でもあるわけです。当然ながら，シャペロンに異常が生じると，細胞はたちまち機能不全に陥ります。代謝系がおかしくなったり，腫瘍が進行したりなど，さまざまな病気の原因になることがわかっています。

　この全体的な立体構造が形成される際には水素結合も用いられますが，それに加えてシステイン（C）がもつ硫黄元素どうしの結合であるジスル

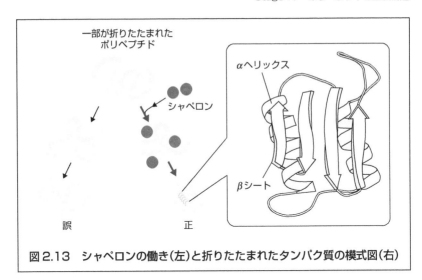

**図2.13　シャペロンの働き（左）と折りたたまれたタンパク質の模式図（右）**

フィド結合や，ファンデルワールス力など，さまざまな結合様式も用いられます。また水素結合も，主鎖どうし，側鎖どうし，主鎖と側鎖の間のいずれの場合も用いられます。

　プラモデルの場合，さらに細かいパーツや，ラッカーなどで着色する操作が加わることもあります。タンパク質として機能を有する際にも，特定の金属分子の付加，糖鎖の付加，一部の分子構造の切断など，さまざまな追加要素が必要になります。それらもこの三次構造が形成される際に追加されるといえるでしょう。これらの過程を経て，機能をもつタンパク質に到達する場合もあれば，さらに四次構造に至ることが求められる場合もあります。

**POINT** 17

◆ 三次構造とは単一のポリペプチド鎖に由来する全体的な立体構造をさす。

◆ 正しい三次構造が形成される際に，シャペロンが正しい折りたたみを導く。

◆ 三次構造の形成にはジスルフィド結合が用いられることが多い。

# Stage 18 ポリペプチドの四次構造

## サブユニットが必要なタンパク質

　三次構造の段階でタンパク質として機能をもつ場合も多々ありますが，それだけでは不十分であり，複数のポリペプチドの三次構造が集まることによって機能をもつタンパク質となる場合も多々あります。これがポリペプチドの四次構造です。

　四次構造でタンパク質に至るわけですから，四次構造に含まれる三次構造のことは別の呼び方をする必要性があります。この場合の三次構造のことをサブユニットと呼びます。つまり，サブユニットどうしが集まって四次構造になるわけです。このとき，同じものどうしが集まる場合もあれば，異なるものが集まることもあります。たとえば，4つのサブユニットによって形成されるタンパク質が存在するとして，すべて同じサブユニットである場合はホモ四量体と呼びます（図2.14左）。コンカナバリンAなどのタンパク質はこのようなホモ四量体構造を示します。一方，私たちの血液中において酸素を運ぶ役割をもつタンパク質であるヘモグロビンは$\alpha$サブユニット2つと$\beta$サブユニット2つが結合した形状をもちます（図2.14中）。このように異なるサブユニットによって形成された四量体の場合をヘテロ四量体と呼びます。同じく，私たちの体の中で抗体として働く免疫グロブリンG（IgG）などもヘモグロビンとは異なる形のヘテロ四量体構造をもちます（図2.14右）。免疫グロブリンGの場合は，各サブユニットの間はジスルフィド結合によってつながれています（詳しくはStage 72（p.194）参照）。さらに，ミトコンドリアの内膜に存在するATP合成酵素においては，大量のサブユニットによって形成されたヘテロ多量体であるといえます。（図2.15）

　これとは別に，三次構造の時点で特定の機能が十分に認められるため，それをタンパク質として認定し，そのようなタンパク質が結合することによって多機能な複合体（multifunctional complex）がつくられる場合もあります。このような複合体においても四次構造の場合と同じく，ヘテロX

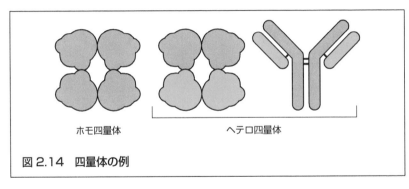

ホモ四量体　　　　　　ヘテロ四量体

**図 2.14　四量体の例**

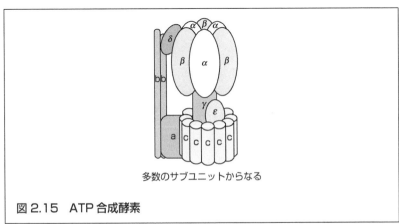

多数のサブユニットからなる

**図 2.15　ATP 合成酵素**

量体といった表現が用いられます。このように，四次構造については，かなり曖昧なとらえ方をされている傾向もあります。

## POINT 18

◆ 三次構造を有するポリペプチドどうしが集まってタンパク質として機能を有する場合，その集まりを四次構造と呼び，それぞれの三次構造をサブユニットと呼ぶ。
◆ 三次構造と同じく四次構造の形成にはジスルフィド結合が用いられることが多い。
◆ ヘモグロビンは 2 個の α サブユニットと 2 個の β サブユニットが結合したヘテロ四量体構造を有する。

# Stage 19 タンパク質の行き先

## タンパク質に貼られる行き先ラベル

　タンパク質はその種類によって，細胞の中でも活躍する場所が異なります。しかし，すべてのタンパク質はリボソームにおいて合成されるため，合成された時点では細胞質に存在することになります。その後，たとえばヒストンは細胞核の内側に移動し（図 2.16 ①），フィブロネクチンなどの細胞外マトリックスを構成するタンパク質は細胞の外側に移動します（図 2.16 ②）。Ras などは細胞質にとどまります（図 2.16 ③）。この行き先の違いは，どのようにして生じるのでしょうか。

　私たちが宅急便を送るときに，行き先は荷物に貼られたラベルによって決定されます。実は，タンパク質も同じようなしくみが用いられています。タンパク質の行き先を示すラベルは，タンパク質のアミノ酸配列の中にあらかじめ含まれています。これをシグナル配列と呼びます。その多くは，タンパク質の先頭側（N 末端と呼ばれる）に存在しますが，後端側（C 末端と呼ばれる）やどちらの端からも離れたところに存在することもあります。

　シグナル配列の例を図 2.17 にまとめます。たとえば細胞核に移動する必要性のあるタンパク質には，核局在化シグナルという特定のアミノ酸配列からなるシグナル配列が組み込まれています（図 2.17 ①のケース）。ここに核への運搬を担う分子が結合し，タンパク質を細胞核内に輸送してくれます。逆に細胞外に移動する必要性のあるタンパク

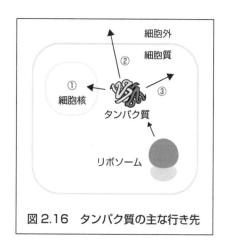

**図 2.16　タンパク質の主な行き先**

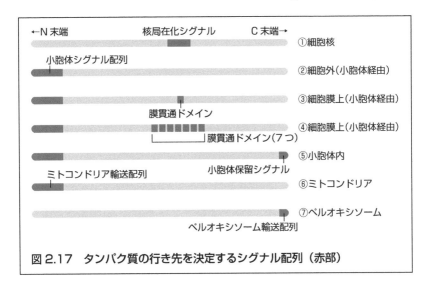

図2.17　タンパク質の行き先を決定するシグナル配列（赤部）

質は，リボソーム→小胞体→ゴルジ体→細胞外，というルートでの移動となりますので，「小胞体行き」という意味をもつシグナル配列が用いられます。これを小胞体シグナル配列と呼びます。小胞体シグナル配列は，タンパク質のN末端に存在しており（図2.17②のケース），やはり小胞体への運搬を担う分子が小胞体シグナル配列に結合して，タンパク質を小胞体に連れていきます。小胞体に入った後は，必要に応じてゴルジ体を経由して細胞外に分泌されることになります。図2.17の③〜⑤のケースは，小胞体シグナル配列に追加して，別のシグナル配列が存在するものを指し示しています。その追加されたものによって，③と④の場合は膜タンパク質として，⑤の場合は小胞体の中で働くタンパク質となります。そのほか，ミトコンドリアやペルオキシソームに輸送されるためのシグナル配列が知られています（図2.17⑥⑦）。

**POINT 19**

◆ タンパク質の行き先は細胞核，細胞外，細胞質の3種類ある。
◆ 細胞核に移動するタンパク質は分子内に核局在化シグナルを有する。
◆ 細胞外や細胞膜上に移動するタンパク質はN末端に小胞体シグナル配列を有する。

column

# 「ヒトの体で働く消化酵素」

　私たちが食べたものが通過することになる消化管の内側は，体の外側にあたります。図に中学校理科でも学ぶ代表的な消化酵素を示します。酵素ですから，すべてタンパク質です。そして，Stage 12（p.28）において説明した細胞外で働くタンパク質となります。細胞外どころか，体の外側に分泌されるタンパク質ですね。図では，三大栄養素である炭水化物，タンパク質，脂質を専門とする消化酵素に，それぞれ●，▲，■のマークをつけました。私たちは食べたものを，これらの消化酵素や，胆汁のように消化酵素を助ける物質，さらには腸内細菌による働きなどと連携しながら，各栄養素を体の内側にとり込めるようにします。

　おもしろいことに，胆汁の主成分である胆汁酸は，再び小腸で体内に吸収されて，肝臓や胆のうに移動して再利用されます。胆汁酸は大量合成できないにもかかわらず，腸で大量に必要になるため，このようなシステムが用いられています。これを腸肝循環と呼びます。

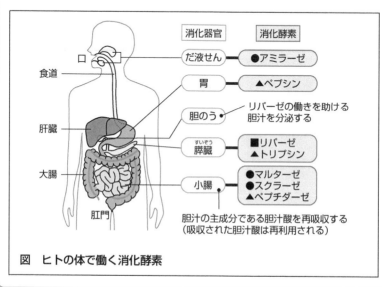

図　ヒトの体で働く消化酵素

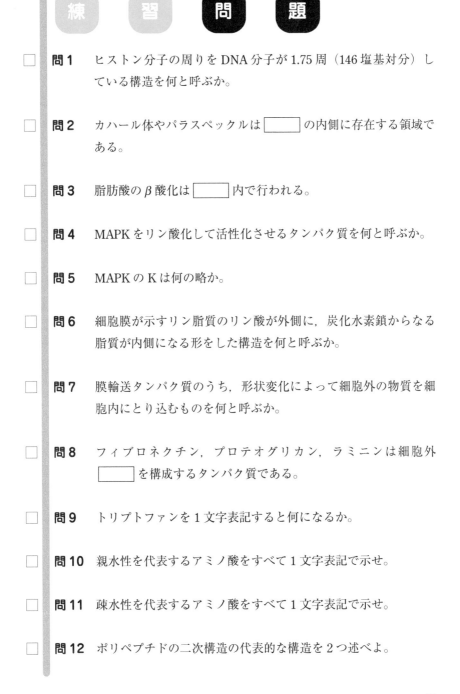

問 1　ヒストン分子の周りを DNA 分子が 1.75 周（146 塩基対分）している構造を何と呼ぶか。

問 2　カハール体やパラスペックルは ⬚ の内側に存在する領域である。

問 3　脂肪酸の β 酸化は ⬚ 内で行われる。

問 4　MAPK をリン酸化して活性化させるタンパク質を何と呼ぶか。

問 5　MAPK の K は何の略か。

問 6　細胞膜が示すリン脂質のリン酸が外側に，炭化水素鎖からなる脂質が内側になる形をした構造を何と呼ぶか。

問 7　膜輸送タンパク質のうち，形状変化によって細胞外の物質を細胞内にとり込むものを何と呼ぶか。

問 8　フィブロネクチン，プロテオグリカン，ラミニンは細胞外 ⬚ を構成するタンパク質である。

問 9　トリプトファンを 1 文字表記すると何になるか。

問 10　親水性を代表するアミノ酸をすべて 1 文字表記で示せ。

問 11　疎水性を代表するアミノ酸をすべて 1 文字表記で示せ。

問 12　ポリペプチドの二次構造の代表的な構造を 2 つ述べよ。

□ **問13** ポリペプチドが正しい三次構造を構築するために貢献するタンパク質は何か。

□ **問14** 免疫グロブリンGにおいてサブユニット間をつなぐ結合を何と呼ぶか。

□ **問15** 小胞体の内側に移動することを指示するポリペプチド上の配列を何と呼ぶか。

解 答

問1 ヌクレオソーム
問2 細胞核
問3 ミトコンドリア
問4 MAPKK（マップキナーゼキナーゼ）
問5 キナーゼ（kinase）
問6 脂質二重層
問7 運搬タンパク質
問8 マトリックス
問9 W
問10 STEDQNRK
問11 VIFLYPW
問12 αヘリックス，βシート
問13 シャペロン
問14 ジスルフィド結合
問15 小胞体シグナル配列

# Chapter 3
# 核酸

ニワトリが先か卵が先か，の論理と同じく，核酸が先
かタンパク質が先か，という議論があります。生命体
の中では，核酸の情報によってタンパク質ができます
し，タンパク質の一部が核酸の合成酵素として働いて
核酸ができます。ただ，どちらが先だったかというと，
究極のところは核酸に落ち着きます。それも RNA に。
本章では生命の根源ともいえる核酸がどのような存在
なのかを学んでいきましょう。

# Stage 20 アデノシン三リン酸 (ATP)

## 細胞内で働く電池

　充電式のロボットなどでは，電池が切れたら動力を失うし，電池が充電されれば，再び動くことが可能になります。生物の細胞の中にも電池に相当するものが存在します。それが本項で学ぶアデノシン三リン酸（ATP；adenosine triphosphate）です。アデノシン三リン酸が満タンの電池だとすれば，空っぽの電池はアデノシン二リン酸（ADP；adenosine diphosphate）となります（図3.1）。

　ATP は，五炭糖の一種であるリボースにアデニンという塩基と3つのリン酸が結合した構造をしています（図3.1）。このうち，アデニンとリボースの部分を合わせてアデノシンと呼びます。生体の中では，さまざまな場面で化学反応の進行のために ATP が利用されます。ATP が利用される際は，ATP の3つあるリン酸のうち，最も端のリン酸が1つ外れてADP となります（図3.1）。このとき，1モルの ATP あたり約8 kcal のエネルギーが放出されます。このエネルギーが化学反応に利用されるわけです。一方，ADP は代謝の代表的な経路である呼吸によって ADP にリン酸が加えられて，ATP となります。

　ATP の他の重要な働きのひとつは，RNA の材料になることです。RNAは塩基，五炭糖，リン酸からなるヌクレオチド（リン酸を含めないときはヌクレオシドと呼ぶ）が連なった構造をしています。このうち，アデニンを含むヌクレオチドは ATP がそのまま用いられます（図3.2）。なお，RNA の他の塩基は CTP（シチジン三リン酸），GTP（グアノシン三リン酸），UTP（ウリジン三リン酸）に由来します。

　もうひとつの重要な働きはサイクリック AMP（cAMP；cyclic adenosine monophosphate）の元になることです（図3.2）。ADP からさらにリン酸がひとつとれたものを AMP（adenosine monophosphate：環状アデノシン一リン酸）と呼びます。この AMP において，リン酸が本来の結合位置（5' 部位）だけではなく，別の位置（3' 部位）でもリボースに結合し，リ

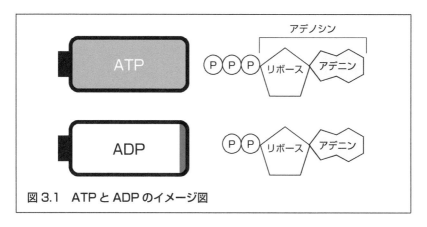

図 3.1　ATP と ADP のイメージ図

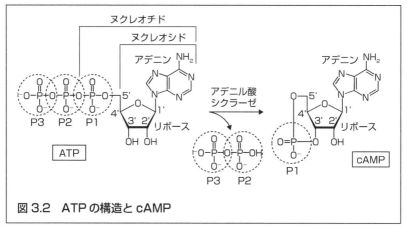

図 3.2　ATP の構造と cAMP

ボースとリン酸からなる環状構造を構成したものが cAMP となります。これは，細胞質中での情報伝達に用いられる因子であり，いくつかの細胞外からのシグナルを細胞核に伝えたりします。

**POINT** 20

◆ ATP は細胞の中で働く電池のような意味をもつ分子であり，1 モルあたり 8 kcal のエネルギーを発生させることができる。

◆ RNA のアデニン（A）を含むヌクレオチドは ATP に依存する。

◆ ATP 内のリボースの 5' 部位と 3' 部位を 1 つのリン酸がつなぐ形になったものがサイクリック AMP（cAMP）であり，細胞内情報伝達などにおいて重要な役割を担う。

# Stage 21 核酸の材料

## NTP と dNTP

　核酸とは DNA（デオキシリボ核酸，deoxyribonucleic acid）と RNA（リボ核酸，ribonucleic acid）の総称です。どちらも，いくつかのパーツが数珠状に連続した形状をしている分子ですが，そのパーツについて学びましょう。

　RNA のパーツは図 3.3 に示す 4 つの分子です。前項で ATP が RNA の材料になる話をしました。それ以外の材料は，ATP のアデニンの部分が別の塩基に置き換わっただけです。シトシン，グアニン，ウラシルに置き換わったものをそれぞれ CTP，GTP，UTP と呼びます。

　DNA のパーツも RNA とそっくりです。大きな違いは真ん中の五炭糖の 1 か所（2' 部位）が RNA の材料の場合は水酸基（－OH）であるのに対して，水素原子（－H）になっています（図 3.4 に ◌ で示す部位）。ラテン語で何かをとり除いた場合の接頭語として（de-）が使われます。RNA に含まれる五炭糖はリボースと呼びますが，リボースから酸素（oxygen）が奪われた形なので，DNA に含まれる五炭糖はデオキシリボース（deoxyribose）と呼ばれます。そして，塩基がアデニン，シトシン，グアニン，チミンのときをそれぞれ dATP，dCTP，dGTP，dTTP と呼びます（d は deoxy の意）。RNA ではウラシルが塩基として用いられるところが，DNA ではチミンであることも大きな違いです（図 3.4 の赤字部分）。

　なお，RNA の材料のことをまとめて NTP（nucleoside triphosphate：ヌクレオシド三リン酸）と呼び（N には A，C，G，U が入るという意味合い），DNA の材料については dNTP（deoxyribonucleoside triphosphate：デオキシヌクレオシド三リン酸）（N には A，C，G，T が入るという意味合い）と呼びます。人の体内では，これらを合成するためには，肝臓においてアミノ酸などから合成する方法（デノボ合成）と，食品として摂取した核酸を分解して，各細胞において合成する方法（サルベージ合成）の 2 種類があります。

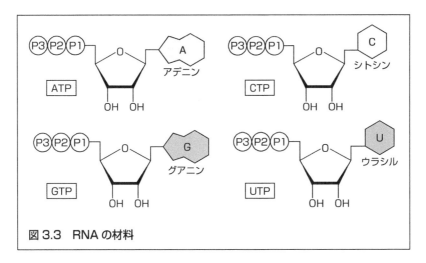

図3.3　RNA の材料

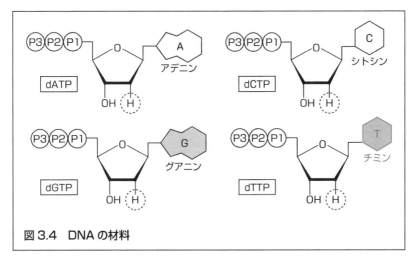

図3.4　DNA の材料

## POINT 21

◆ RNA の材料は NTP であり，DNA の材料は dNTP である。

◆ NTP に含まれる五炭糖であるリボースと，dNTP に含まれる五炭糖であるデオキシリボースについて，2′部位が前者では水酸基（−OH）であるのに対して，後者では水素原子（−H）であるという違いがある。

◆ NTP や dNTP の合成系としてデノボ合成とサルベージ合成の 2 種類が存在する。

# Stage 22 核酸の構造

## NTP と dNTP の並べ方

　RNA は NTP が，DNA は dNTP が数珠状に並んだものですが，ここではどのように並ぶかを学びます。早速，RNA の並び方を見てみましょう。RNA の材料の NTP が連なるときには，リボースの 5' 部位と 3' 部位がリン酸でつながることによって実現します（図 3.5）。ATP にはリン酸がもともと 3 つありますが，それぞれのリン酸を根元側から P1，P2，P3 とするならば，NTP が数珠状に連なる際に用いられるリン酸は P1 となります。こうしてつながった RNA において他の材料とつながっていない 5' 部位が

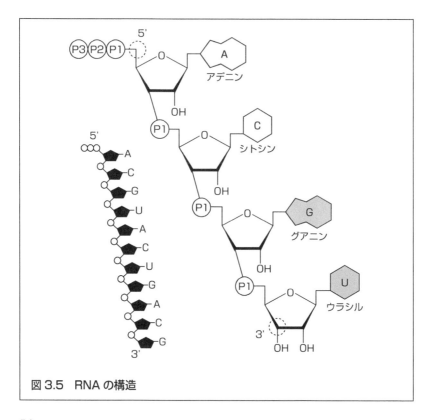

図 3.5　RNA の構造

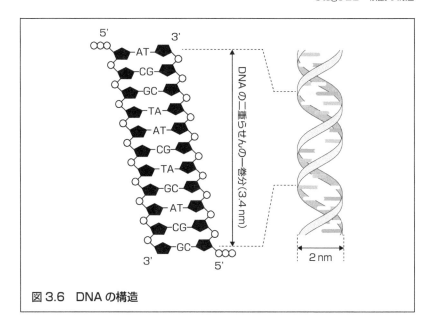

図 3.6 DNA の構造

先頭の NTP に，同じくつながっていない 3' 部位が後端の NTP に生じま
す。それゆえ，核酸の先頭側を「5' 末端」，後端を「3' 末端」と呼びます。

　次に，DNA の並び方を説明します。DNA も RNA と各 NTP どうしのつ
ながり方はまったく同じです（図 3.6）。大きな違いは DNA は二重らせん
構造を示す点です。2 本の鎖が 5' → 3' 方向が逆になる形で結合していま
す。その際，A には T が，G には C が相補的に結合する形で並びます。
この結合しているセットを塩基対と呼びます。このようにしてできた
DNA の最も典型的な形状は，太さが約 2 nm で，10 塩基対分でちょうど
一巻きすることになります（3.4 nm/ 一巻き）。

POINT 22

◆ 核酸の先頭側を 5' 末端，後端を 3' 末端と呼ぶ。
◆ 5'，3' は核酸の五炭糖の炭素の番号に依存している。
◆ DNA の二重らせん構造の太さは約 2 nm，一巻きは約 3.4 nm で
　ある。

# Stage 23 RNA の種類

## 三大 RNA とその他の RNA

　細胞内で，RNA は DNA から転写されることによってつくられます。この RNA を合成する酵素を RNA ポリメラーゼと呼びます。RNA ポリメラーゼには I，II，III の 3 種類があり，それぞれ合成する RNA が異なります。各ポリメラーゼが合成する RNA の種類を表 3.1 にまとめました。○は合成する場合を，△はその一部を合成する場合を指し示しています。

　おそらく，随分たくさんの RNA があるものだと面喰らった人も大勢いるかもしれません。もともと RNA はメッセンジャー RNA（mRNA），リボソーム RNA（rRNA），運搬 RNA（tRNA）の 3 種類が広く知られていました。これらを三大 RNA と呼んでもよいでしょう。簡単に三大 RNA の役割を述べると，mRNA はタンパク質の情報を含み，rRNA はリボソームの骨格として機能し，tRNA はアミノ酸をリボソームに運ぶ役割をします。mRNA は RNA ポリメラーゼ II によって，rRNA は主に RNA ポリメラーゼ I によって，tRNA は RNA ポリメラーゼ III によって合成されます。

　三大 RNA のほかにグループをつくるとすれば，smRNA（small RNA）と，その他の RNA に分けてとらえるのがよいでしょう。smRNA は 20 ～ 30 塩基程度の大きさであり，miRNA（microRNA），siRNA（small interfering RNA），piRNA（piwi-interacting RNA）に分けられます（表 3.1）。

表 3.1　RNA の種類とそれを合成する RNA ポリメラーゼ

| RNA の種類 | 三大 RNA | | | smRNA | | | その他の RNA | | |
|---|---|---|---|---|---|---|---|---|---|
| | mRNA | rRNA | tRNA | miRNA | siRNA | piRNA | lncRNA | snRNA | snoRNA |
| RNA ポリメラーゼ I | | ○ | | | | | | | |
| RNA ポリメラーゼ II | ○ | | | ○ | ○ | ○ | ○ | △ | ○ |
| RNA ポリメラーゼ III | | △ | ○ | | | | | △ | |

miRNA や siRNA は mRNA に働きかけて翻訳の制御にかかわります。詳しくは Stage 64（p.168）で説明します。piRNA は 2006 年に見つかった新しいカテゴリに属する RNA で核から細胞質に出た後に再び核に戻って働く不思議な動態を示します。

　残りのグループがその他の RNA に属する 3 つの RNA です。lncRNA（long non-coding RNA）は長さが 200 塩基から長ければ数十万塩基に達することもある長い RNA です。基本的に mRNA 以外の RNA はタンパク質の情報をコードしていないので，ncRNA（non-coding RNA）と呼ばれます。そのなかでも，smRNA には属さず，それでいて機能があるらしいということが判明してきたものの代表が lncRNA といえるでしょう。lncRNA の役割は実に多様です。たとえば，転写制御，翻訳制御，エピジェネティック効果の制御など，さまざまな局面でかかわっています。今，RNA に関する学問領域では最もホットな研究対象のひとつといえるでしょう。残りの 2 つが snRNA（small nuclear RNA）と snoRNA（small nucleolar RNA）となります。これらは，その名のとおり，snRNA が核内で，snoRNA が核小体内で働く小さな RNA として把握しておきましょう（Chapter 4 のコラム（p.92）参照）。

　実は RNA も DNA と同じく相補的な配列を有する領域どうしが結合して二本鎖の状態を示す場合があります。その結果，生じる立体構造が酵素のような活性をもつ場合もあれば，ほかのタンパク質と結合して，RNA を破壊したり，翻訳を阻害したりなどの反応性をもつ場合もあります。

## POINT 23

- ◆ RNA ポリメラーゼには 3 種類（Ⅰ，Ⅱ，Ⅲ）あり，主に Ⅰ は rRNA 合成，Ⅱ は mRNA，Ⅲ は tRNA にかかわる。
- ◆ RNA ポリメラーゼ Ⅱ は smRNA を含め，三大 RNA に含まれない多くの RNA の合成も担う。
- ◆ lncRNA は翻訳されることはないが，転写制御，翻訳制御，エピジェネティック効果の制御などのさまざまな細胞内での反応に携わる。

# Stage 24 rRNA と tRNA

## 細胞内の RNA の約 95%

　細胞の中に存在するすべての RNA のうち，最大の存在量を占めるのは rRNA です。おそらく rRNA が占める割合は 80％くらいです。細胞内には無数のリボソームが存在しています。その骨格をなすのが rRNA で，絶対的な量が多くなっても不思議ではありません。rRNA に次いで多いのは約 15％を占める tRNA です。これは細胞の至るところに存在するアミノ酸に結合して，それを運べる状態でスタンバイし，必要に応じて運搬します。

　rRNA はリボソームの骨格をなすので，その役割を総括するならば「タンパク質をつくること」になります。リボソームはダルマのような構造をしていますが，大サブユニットと小サブユニットに分離することができます。それぞれに特異的な rRNA が内包されており，そこにリボソームを構成するタンパク質が合体した構造をしています。大サブユニットの主な役割は，アミノ酸どうしをつなぐこと，つまりペプチド結合を生じさせることです。小サブユニットの主な役割は，適切な mRNA と tRNA の結合を実現させることです。これらの反応は，rRNA がつくる立体構造が非常に重要であり，それに従って反応が進みます。つまり，rRNA は触媒として働いているということもできるでしょう。おもしろいことに，真核細胞と原核細胞ともにリボソームはダルマ構造をしていますが，リボソームをなす rRNA もタンパク質の種類もかなり異なります（図 3.7）。たとえば，完成された形態において，真核細胞のリボソームの沈降定数（遠心分離した際の沈みやすさを示す数値であり，大きいほど速く沈む）は 80S であるのに対して，原核細胞の沈降定数は 70S となります。

　tRNA はクローバー状の特徴的な構造（クローバー構造）を有する RNA であり，3' 末端に特定のアミノ酸を結合させて運ぶことができます。アミノ酸と結合している tRNA は特にアミノアシル tRNA と呼びます。tRNA にも種類があり，それぞれ専門とするアミノ酸が異なります。タンパク質合成に用いられるアミノ酸は 20 種類ですので，20 種類あればよいのです

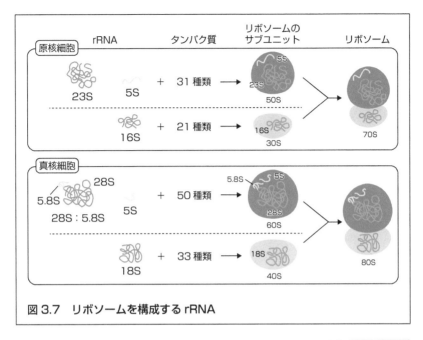

図 3.7　リボソームを構成する rRNA

が，1つのアミノ酸につき複数種類の tRNA が存在するものもあり，30 〜 40 種類の tRNA が細胞内では活躍しています。クローバー構造の真ん中のところで，mRNA 上のトリプレットコドン（Stage 03（p.6）参照）と相補的な結合をすることによって，リボソーム上に mRNA の情報に則したアミノ酸を運ぶことができます（図 3.8）。

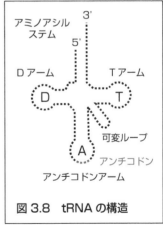

図 3.8　tRNA の構造

**POINT** 24

◆ 細胞中で最も多く含まれる RNA は rRNA である。

◆ 真核細胞と原核細胞のリボソームでは rRNA の構成が異なり，それに付随して結合するタンパク質の種類も異なる。

◆ tRNA の多くはクローバー構造から成り立っており，3' 末端にアミノ酸を結合させた tRNA は特にアミノアシル tRNA と呼ばれる。

# Stage 25 mRNA

## タンパク質の情報をもつ RNA

　rRNA を工場，tRNA を稼働ラインとたとえるとすると，mRNA は部品の組み合わせを決める指示書，ということになるでしょう。指示書がいつまでも存在すると，永遠とタンパク質の合成が行われてしまいます。それゆえ，必要がなくなれば mRNA は分解されます。常時，存在する必要がある rRNA と tRNA と比較して，mRNA の細胞内での絶対量が少なめであることは，このような理由によるものだと思われます。また rRNA と tRNA には特殊なウラシルが含まれていることが多く，それが分解を阻害しているともいわれています（コラム（p.211）参照）。

　ここでは，真核細胞における mRNA の構造について説明します。mRNA の中で合成すべきアミノ酸配列の情報を含む領域を ORF（open reading frame）と呼びます（図 3.9）。タンパク質として情報を読みとられるフレーム（枠）がオープンな状態にある，という意味です。ORF の先頭は必ず AUG というコドン配列ではじまります。これを開始コドンと呼び，AUG という配列に従ってアミノ酸であるメチオニンと結合したアミノアシル tRNA がリボソームにやってきます。その後も ORF 内の配列に従ったアミノ酸の運搬が行われた後に終止コドン（UAA，UGA，UAG）が表れた時点でアミノ酸の運搬は終わります。この ORF 領域を軸として，mRNA の構造をとらえていく必要があります。

　ORF は別の言い方をするならば「翻訳される領域（translated region）」です。それ以外の領域は「翻訳されない領域（UTR；untranslated region）」になります。ORF より前側（つまり 5' 側）のそれを 5'-UTR，後ろ側を 3'-UTR と呼びます。この UTR 領域には何も情報が含まれていないわけではありません。たとえば 5'-UTR には，どの開始コドンが本物であるかを指定する情報などが含まれていますし（AUG という配列は 64 分の 1 の確率で登場するため），3'-UTR には RNA の迅速な分解を導く配列などが含まれています。これに加えて，5' 末端には RNA キャップという構造

図 3.9　mRNA の全体構造

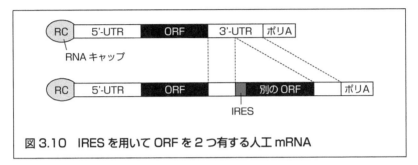

図 3.10　IRES を用いて ORF を 2 つ有する人工 mRNA

が，3' 末端にはポリ A という構造が加わります。これらは Stage 33（p.80）で説明します。

　真核細胞のもつ mRNA の構造が，先端から RNA キャップ→ 5'-UTR → ORF → 3'-UTR →ポリ A という順になることは必ずおさえておきましょう。最近，3'-UTR の領域に人工的に IRES（internal ribosome entry site）というウイルスに依存した配列を挿入することによって，2 つ目の ORF を入れるという技術が用いられています。この人工 mRNA からは 2 種類のタンパク質が合成できることになります（図 3.10）。たとえば，緑に光るタンパク質である GFP（green fluorescent protein）を IRES の後に挿入すれば，目的のタンパク質が合成された細胞は緑に光らせることが可能になります。

## POINT 25

◆ mRNA の量は rRNA や tRNA と比較すると圧倒的に少ない。
◆ mRNA は先頭側（5' 末端）から後端（3' 末端）にかけて，RNA キャップ，5'-UTR，ORF，3'-UTR，ポリ A と呼ばれる領域が存在する。
◆ 3'-UTR に IRES を人工的に追加することによって，ORF を 2 つもつ mRNA を人工的に作成することができる。

# Stage 26 DNA の構造

## DNA のパッケージング

　ヒトの細胞核の直径は約 5 μm です。このなかに太さ約 2 nm, 総延長が約 1.8 m ある DNA が入っています。1 万倍にスケールアップすれば, 直径が 5 cm の球体の中に太さ 0.02 mm の糸が 18 km 分入っていることになります（図 3.11）。直径 5 cm といえばカプセルトイ（別称ガチャガチャ）くらいの大きさです。18 km 分もの糸が入っているとなると, ぐちゃぐちゃになりそうです。しかし, 細胞核の中で DNA は糸状のまま入っているわけではなく, Stage 9（p.22）で学んだとおり, ヒストンというタンパク質に巻きとられ, ヌクレオソームという構造として存在しています。さらにヌクレオソームがらせん状に重なり合い, 太さ 30 nm のクロマチン線維という構造になります（図 3.12）。

　細胞分裂の際には, クロマチン線維はヘアピン状に曲がりくねったソレノイド構造をつくり, さらに折りたたまれて, 染色体になります（図 3.13）。染色体の 1 本の腕が 1 本の DNA に由来しますので, この時点で太さが約 700 nm, 総延長が約 300 μm くらいになったといえるでしょう。

　おもしろいことに, 近年, クロマチン線維が示すさまざまな別のパッケージングの形も報告されています。

　今回, 図を用いて説明した内容は, DNA のパッケージングのされ方の代表例としてとらえておきましょう。

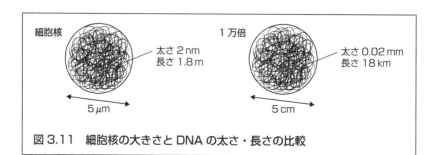

図 3.11　細胞核の大きさと DNA の太さ・長さの比較

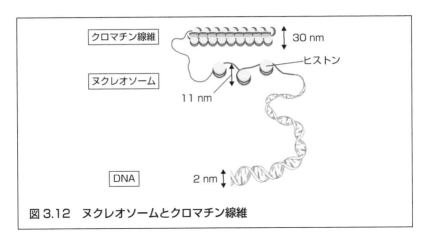

図3.12　ヌクレオソームとクロマチン線維

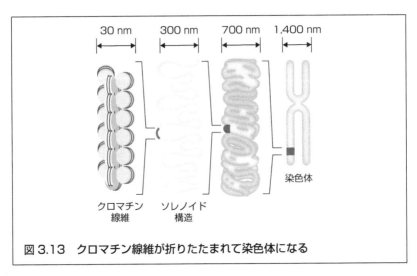

図3.13　クロマチン線維が折りたたまれて染色体になる

**POINT** 26

◆ ヒトの細胞核の直径は約5 μm であり，そのなかに太さ2 nm，総延長1.8 mになるDNA分子が含まれている。

◆ ヒストンに巻きとられたDNAの構造をヌクレオソームと呼び，さらにらせん状に重なりあった線維をクロマチン線維と呼ぶ。

◆ 染色体が形成される際には，クロマチンが折りたたまれたソレノイド構造がさらに折りたたまれる。

# Stage 27 DNA の修復

## DNA を壊れたままにしないしくみ

　DNA 損傷は細胞 1 個あたり，1 秒間に 1 か所程度の割合で生じています。紫外線，各種の発がん物質，活性酸素群などが原因となり，シトシンの脱アミノ反応（その結果ウラシルになります），グアニンの脱プリン反応，チミンどうしが二量体化する反応などが引き起こされます。

　細胞の中には，変異が生じた際にただちに修復する機構が備わっています。この機構は 3 つの段階から成り立っています。第一段階は損傷部位の除去です。DNA 上に損傷が入ると，まずヌクレアーゼと呼ばれる酵素が働きかけ，問題のある領域をとり除きます。第二段階は損傷部位の穴埋めです。DNA ポリメラーゼが働きかけることによって，相補鎖の塩基対を参考にして空いた空間が埋められます。第三段階はヌクレオチド鎖間に生じた小さな空間（ニックと呼ぶ）をつなぐ反応です。これを DNA リガーゼという酵素が担い，修復の過程は完了します。（図 3.14）

　両側の鎖の一部が同時に抜け落ちた場合は異なる方法で修復されます。

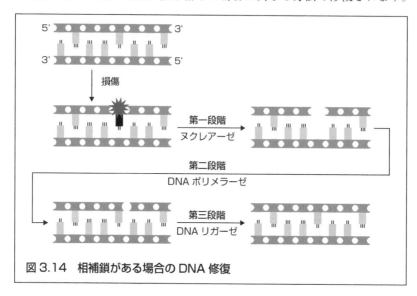

図 3.14　相補鎖がある場合の DNA 修復

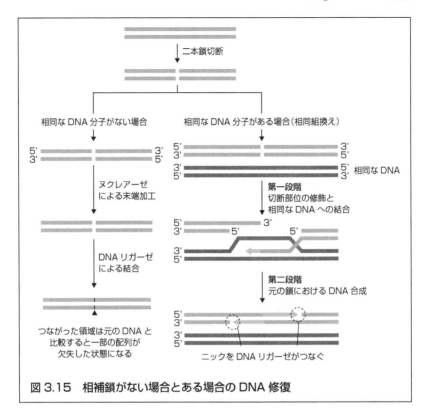

**図 3.15　相補鎖がない場合とある場合の DNA 修復**

ヒトの体細胞のように染色体を 2 つずつセットでもつような細胞である場合は，参考になる配列が存在することになります。この配列が存在しない場合は，抜け落ちた配列がそのまま結合することになります（図 3.15 左）。存在する場合は，相同組換えという反応が起こります。参考になる配列を一時的にとり込み，その配列に対応した配列（つまり抜け落ちたと思われる配列）をコピーして埋めることになります（図 3.15 右）。

**POINT 27**

◆ 毎秒のようにそれぞれの細胞内で DNA 損傷が生じている。
◆ 片側の鎖に損傷が生じたときの修復過程は，損傷部位の除去，損傷部位の穴埋め，DNA 鎖の結合の三段階からなる。
◆ 両側の鎖の一部が抜け落ちた場合，相同な配列を有する DNA 分子が近くに存在する場合は相同組換えによって修復される。

# Stage 28 DNA の複製

## 生物が増える根幹のメカニズム

　生命は，自分のコピーもしくはコピーに準じるものを残します。そのためには，自身が有している化学分子である DNA をそのままコピーするという過程が欠かせません。これを複製と呼びます。

　まず，複製の開始点の形成を説明します。ヒトがもつ DNA のうち，最大のものは第一染色体を構成する DNA であり，約 2 億 7,900 万塩基対あります。これを端から順番に合成するとどうなるでしょうか。DNA ポリメラーゼが 1 秒間に約 100 塩基対程度の DNA 合成が可能だとしても，端から順番に合成していったとしたら，279 万秒，つまり約 32 日間必要になります。これでは遅すぎます。実は，生体内では，DNA 分子の途中にいくつかのスタート地点をつくり，そこを起点として複製が進められていくことになるのです。このスタート地点を複製起点と呼びます。スタート地点には A と T を多く含む配列が含まれており，この配列のことをレプリケーターと呼びます。

　DNA に結合する役者は，タンパク質のイニシエーターとヘリカーゼです。レプリケーター領域には A と T が多い領域と，イニシエーターが結合できる領域があります。まずイニシエーターが結合すると，A と T の多く含まれた配列がほどけます。続けて生じた隙間に，ヘリカーゼがやってきて，二重らせん構造をほどいていきます。ただし，ほどくだけでは DNA の合成は行われません。DNA の合成が行われるためには，複製フォークという特殊な構造が形成されます（図 3.16）。

　複製フォークでは DNA ポリメラーゼが活躍します。ここで，DNA ポリメラーゼに関する大事な約束事をひとつおさえておきましょう。DNA ポリメラーゼが新たに dNTP を追加できるところは「鋳型鎖に結合した合成鎖の 3' 末端」という点です（この言葉は必ず覚えてください）。言葉ではとらえにくいと思うので，図 3.17 を見てください。点線で示されたところがそれにあたります。

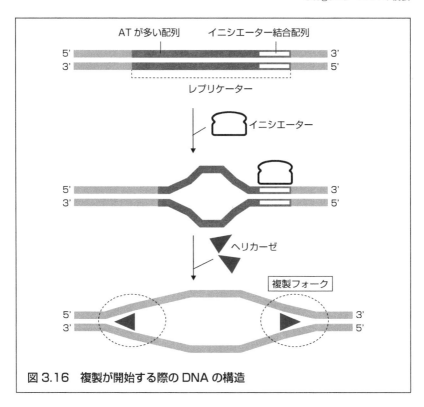

図 3.16　複製が開始する際の DNA の構造

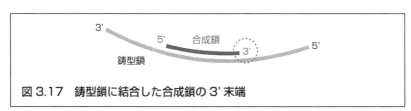

図 3.17　鋳型鎖に結合した合成鎖の 3' 末端

## POINT 28

◆ ヒトの第一染色体に含まれる DNA を端から順番に複製するとしたら約 1 か月の時間が必要となる。

◆ DNA 複製の際には，DNA 上の複数の領域に複製フォークが形成され，それらを起点として同時に複製が行われる。

◆ DNA ポリメラーゼが新たに dNTP を追加できる領域は「鋳型鎖に結合した合成鎖の 3' 末端」である。

# Stage 29 DNA の修飾 ～エピジェネティクス

## 塩基配列には現れない変化

エピジェネティクス（epigenetics）とは，DNA の塩基配列が同じ場合でも DNA に加えられた修飾によって，生物の表面に現れる形質（表現型）に変化が生じることを対象とした学問領域です。おもしろいことに，その修飾は細胞分裂をしてできた娘細胞にも恒久的に遺伝していきます。それゆえ，DNA の性質を考えるうえで極めて重要な内容となります。

第一に挙げられる修飾の例は DNA 分子を直接メチル化するものです（図 3.18）。DNA のタンパク質をコードした領域の上流部位に，C と G がくり返される領域が存在する場合がよくあります。C と G がリン酸（phosphoric acid）でつながっていることから CpG アイランドと呼ばれます。この領域にはメチル化されることによって転写量が制御される特徴があり，一度メチル化されると細胞分裂後もそれが維持されていくことになります。

DNA 分子ではなく，ヌクレオソーム構造のヒストンに対する修飾では，より複雑な制御が行われます。ヒストンは 4 種類あり，いずれもコアヒストンとそこから細長く伸びたリンカーヒストンからなります。このリンカーヒストンがアセチル化，メチル化，リン酸化されることによって，そ

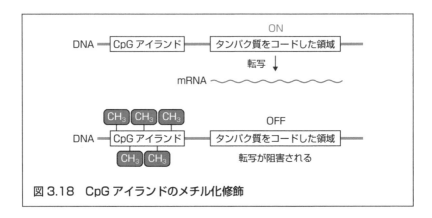

図 3.18　CpG アイランドのメチル化修飾

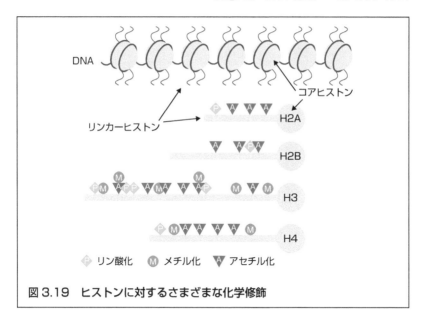

図3.19　ヒストンに対するさまざまな化学修飾

の付近の遺伝子の転写の活性化・不活性化が決定されることになります（図3.19）。いろいろなパターンがあるので詳細は省略しますが，アセチル化が多い領域は転写が活性化される傾向があります。

　エピジェネティックな作用によって，雌雄が決まる爬虫類もいます。哺乳類の細胞においても，幹細胞化するときに脱メチル化が起こることがわかっています。また，ヒトゲノムの中にはウイルスゲノムが侵入した痕跡も多々認められますが，そのような内在ウイルス的な配列は強固にメチル化されて決して活性化しないように抑制されています。塩基配列だけではわからない現象がまだまだ存在することをエピジェネティクスは物語っているといえるでしょう。

## POINT 29

◆ DNA 上の修飾の仕方を変化させて，その修飾の様式が娘細胞さらには次世代にも伝わっていくことをエピジェネティクスと呼ぶ。
◆ DNA 上に存在する CpG アイランドはメチル化の対象になる。
◆ リンカーヒストンにはリン酸化，メチル化，アセチル化などさまざまな修飾に用いられる領域が存在する。

# 「岡崎フラグメント」

　分子生物学の黎明期における大発見のひとつが，1966年に名古屋大学の岡崎令治博士（1930 ～ 1975）が発見した岡崎フラグメントです。複製フォークでは，リーディング鎖とラギング鎖の両方において複製が行われますが，ラギング鎖では，合成される鎖のヘリカーゼ側の末端は5'末端なので，そこにdNTPを追加することができません（図）。岡崎博士はRNAプライマーによって擬似的に「鋳型鎖に結合した合成鎖の3'末端」がつくられ，DNAポリメラーゼが短いDNA合成鎖（岡崎フラグメント）を合成することを発見しました（図）。長生きされていればノーベル賞の受賞は間違いなかったであろうといわれる日本が誇るべき業績です。

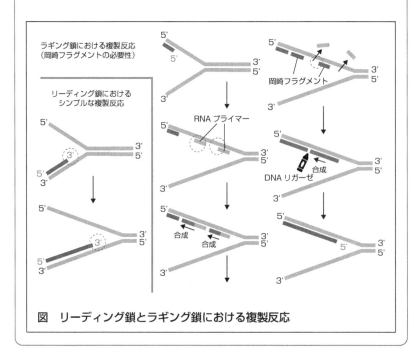

図　リーディング鎖とラギング鎖における複製反応

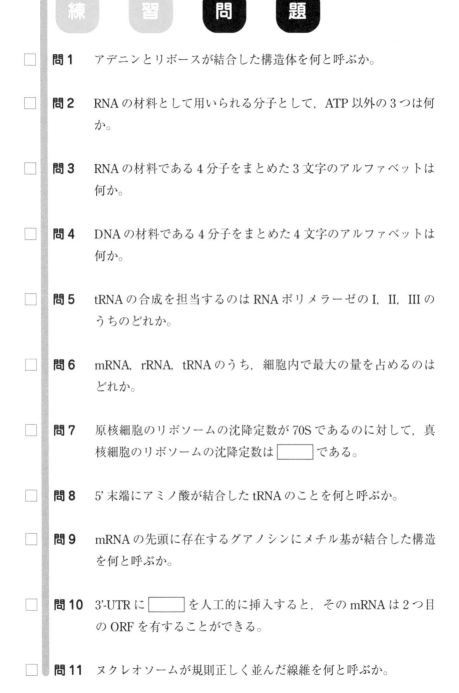

練　習　問　題

☐　**問 1**　アデニンとリボースが結合した構造体を何と呼ぶか。

☐　**問 2**　RNA の材料として用いられる分子として，ATP 以外の 3 つは何か。

☐　**問 3**　RNA の材料である 4 分子をまとめた 3 文字のアルファベットは何か。

☐　**問 4**　DNA の材料である 4 分子をまとめた 4 文字のアルファベットは何か。

☐　**問 5**　tRNA の合成を担当するのは RNA ポリメラーゼの I，II，III のうちのどれか。

☐　**問 6**　mRNA，rRNA，tRNA のうち，細胞内で最大の量を占めるのはどれか。

☐　**問 7**　原核細胞のリボソームの沈降定数が 70S であるのに対して，真核細胞のリボソームの沈降定数は　　　　　である。

☐　**問 8**　5' 末端にアミノ酸が結合した tRNA のことを何と呼ぶか。

☐　**問 9**　mRNA の先頭に存在するグアノシンにメチル基が結合した構造を何と呼ぶか。

☐　**問 10**　3'-UTR に　　　　　を人工的に挿入すると，その mRNA は 2 つ目の ORF を有することができる。

☐　**問 11**　ヌクレオソームが規則正しく並んだ線維を何と呼ぶか。

**問 12** DNA 損傷の例として，シトシンが脱アミノ反応を受けて
　　　　　□□□になる場合がある。

**問 13** 失った領域と相同な配列をもつ DNA を用いて，欠損領域を修
　　　　　復する機構を何と呼ぶか。

**問 14** DNA 複製の際，二重らせん構造をほどく役割をする酵素は何か。

**問 15** 特定の遺伝子の CpG アイランドが□□□化されると，その遺
　　　　　伝子の転写が生じなくなる。

---

解　答

問 1　アデノシン
問 2　CTP，GTP，UTP
問 3　NTP
問 4　dNTP
問 5　RNA ポリメラーゼ III
問 6　rRNA
問 7　80S
問 8　アミノアシル tRNA
問 9　RNA キャップ
問 10　IRES
問 11　クロマチン線維
問 12　ウラシル
問 13　相同組換え
問 14　ヘリカーゼ
問 15　メチル

# Chapter 4
# 遺伝子発現機構

タンパク質の情報は遺伝子の中にコードされています。ただし，それらは求められている細胞において求められるタイミングでタンパク質が合成される必要があります。つまり，遺伝子のスイッチが ON になる必要があるわけです。このスイッチが ON になることを遺伝子発現と呼びます。この ON・OFF がどのように制御されているのか，本章で学んでいきましょう。

# Stage 30 転写反応

## 細胞核から情報を持ち出すためのコピー

　DNA の情報がコピーされて RNA ができる過程を転写，さらに RNA の情報をもとにアミノ酸が並べられてタンパク質ができる過程を翻訳と呼びます。この一連の流れがセントラルドグマです。ここでは，真核細胞において DNA から mRNA ができる転写機構について説明します。

　Stage 23（p.56）で学んだとおり，mRNA を合成する酵素は RNA ポリメラーゼ II です。これは単独では転写を開始することができず，追加で基本転写因子（general transcription factor）が必要となります（原核細胞にも σ 因子と呼ばれる似たしくみがあります）。DNA 上にはチミン(T)とアデニン(A) がくり返しで存在する領域（TATA ボックスと呼ばれる）が存在し，ここに TF II （transcription factor II）が作用します。なお，転写の開始に用いられる領域には CAAT ボックス（配列：CCAATC）や GC ボックス（配列：

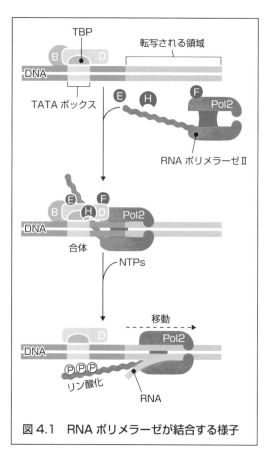

図 4.1　RNA ポリメラーゼが結合する様子

GGGCGG）などもあります。具体的には，TBP（TATA結合タンパク質：
TATA-binding protein）がTFⅡBとTFⅡD（図4.1のBとD）を引き連
れてTATAボックスに結合することで開始されます。その後は別の基本
転写因子であるTFⅡE（図4.1のE），TFⅡF（図4.1のF），さらにTFⅡ
H（図4.1のH）が追加されることでRNAポリメラーゼⅡが転写を開始
します。あとはDNAの塩基配列に従って，RNAの材料であるATP，
CTP，GTP，UTPが次々とつなげられていきます。この合成はポリA付
加シグナル（AATAAA）と呼ばれる配列まで続き，そこに達すると，RNA
鎖にして約20塩基分を追加で合成したうえで，反応は終了します。

　このようにして合成された物質は，この時点ではmRNA前駆体と呼ぶ
必要性があります。mRNAになるためには，スプライシング，RNAキャッ
プ付加，ポリアデニル化（前述したポリA付加シグナルが関与），という
3つのステップが必要となります（図4.2）。詳細は後で説明します。

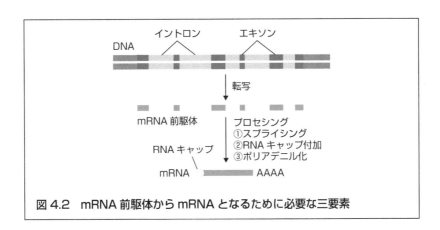

図4.2　mRNA前駆体からmRNAとなるために必要な三要素

**POINT** 30

◆RNAポリメラーゼⅡは基本転写因子が結合したDNA上の特定の
　領域に結合し，mRNAなどのRNA合成を開始する。
◆RNA合成は，AATAAAという塩基配列からなるポリA付加シグ
　ナルから，さらに20塩基ほど進んだ領域で終了する。
◆mRNA前駆体がmRNAになるためには，スプライシング，RNA
　キャップ付加，ポリアデニル化の過程が必要である。

# Stage 31 スプライシング

## 各遺伝子がもつ複数のレシピ

　スプライシングは mRNA 前駆体が mRNA になるうえで欠かせないステップです。一言でいうならば，mRNA 前駆体を編集する過程ともいえます。編集とは，「必要なもの」を選び，「不要なもの」を捨てる作業です。スプライシングでは前者がエキソンであり，後者がイントロンとなります。

　エキソンは最終的に mRNA として残される領域です。一方，mRNA 前駆体から mRNA となる過程で切りとられる領域をイントロンと呼ぶことができます。同じく，それに相当する DNA 上の領域もエキソン，イントロンと呼ばれる場合があります。ただし，同じひとつの mRNA 前駆体に依存しているにもかかわらず，エキソンの選び方が異なるために，違う形の mRNA が導かれることもよくあります（図4.3）。このように1種類の mRNA 前駆体から複数種類の mRNA がつくられるしくみを選択的スプライシングと呼びます。たとえば，臓器や時期によって同じ mRNA 前駆体からでも異なる mRNA がつくられたり，mRNA の種類の割合が変わったりなどします。

　mRNA 前駆体にはイントロン領域であることを指し示すしかけが内包されています。イントロンの前方付近であること，後方付近であること，そしてイントロンの内側であることを示す3つの約束事となる配列が存在します（図4.4）。この法則性があるので，コンピューターを用いてイントロン領域がどこかを当てることもできます。これらの領域を標的としてスプライソソームと呼ばれるイントロンを切断する複合体が形成され，イントロンは切りとられることになります。詳細は章末のコラム（p.92）を参照してください。

　余談ですが，生物の先生から「君たちはエキソンになるように生きろ」といわれたという学生がいました。たしかに，今回の話だけを聞けば，イントロンは選択的スプライシングを導ける以外は利点がなく，最終的には

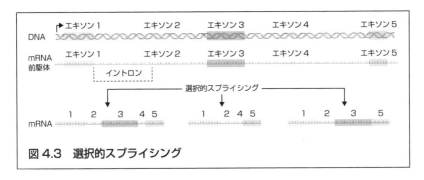

図 4.3　選択的スプライシング

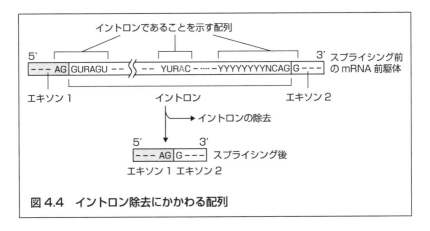

図 4.4　イントロン除去にかかわる配列

不必要なもののように思えます。しかし，実際には縁の下の力持ちとして，イントロンも大切な領域です。それを次の Stage 32 で説明します。

POINT 31

◆ エキソンは最終的に mRNA として利用される領域を，イントロンはスプライシングの過程で削除される領域をさす。
◆ 選択的スプライシングによって，ひとつの mRNA 前駆体から複数種類の mRNA が合成される。
◆ イントロン領域はそれに特異的な配列を有するため，DNA 上の配列の段階で予想することができる。

# Stage 32 イントロンの意義

## 縁の下の力持ちとして働く配列

　実は，mRNA前駆体から選択的スプライシングで多種類のmRNAが合成できる以外のメリットがイントロンには存在します。ここでは黒子的存在であるイントロンの意義を3つ学びましょう。

　1つ目はDNA上でのメリットです。DNA上のイントロン配列の中に，RNAの転写量を大きく変化させることができる配列であるエンハンサーやサイレンサー領域（詳しくはStage 36（p.86）参照）を含ませることができる点です（図4.5利点1）。アミノ酸配列をコードした領域から遠くないDNA上にこれらが存在することが理想的であり，イントロン領域は絶好の位置となります。なぜなら，遺伝子の中に存在しながらmRNAの配列に影響は与えないわけですから。

　2つ目はRNA上でのメリットです。ほかのRNAに影響を与える配列をイントロンの配列内に仕込ませることができる点です（図4.5利点2）。たとえば，イントロンの配列の中にmiRNAやsiRNAなどの別のRNAに働きかける配列が含まれる場合があります。Aという遺伝子のコードするタンパク質と，Bという遺伝子のコードするタンパク質が互いに反対の役割をもつとしましょう。Bが活躍するためには，Bのイントロンの領域にAのmRNAを阻害するsiRNAの配列が含まれていれば，Bはより効果的にその機能を発揮できるようになります。エキソンがより輝けるように，イントロンには周辺の環境を整える役割を有することもあるわけです。この内容はStage 36（p.86）でも説明します。

　3つ目は生物個体の一生涯のなかでは重要ではありませんが，進化の過程において活躍する点です。それは，タンパク質の中で機能を有した領域（モジュールとも呼ぶ）どうしをつなぎあわせる糊代（のりしろ）として働くことです（図4.5利点3）。真核生物の進化の過程では，それぞれのタンパク質が独自に進化してきたのではなく，機能を有するモジュールが突然変異によって組み合わされることによって，多様化が実現されてきました。たとえ

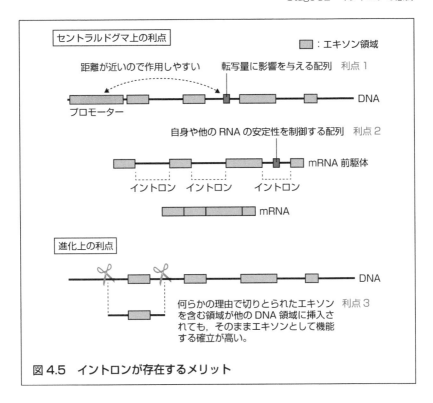

図4.5　イントロンが存在するメリット

ば，DNAには特定の領域が抜き出されて別のDNA領域に挿入される場合があります。アミノ酸をコードする領域がエキソンのみであったとすれば，モジュールの領域だけピッタリと切り出されて，別のモジュールの横にピッタリとはまる確率は皆無です。しかし，エキソンを挟むように2か所のイントロンで切り出されて，ほかの遺伝子のイントロン領域にはめ込まれるならば現実的な話になるわけです。

**POINT** 32

◆ DNA上におけるイントロン配列の中にエンハンサーやサイレンサーの配列が存在することがある。

◆ 短いRNA配列がイントロン内に含まれる短いRNA配列によって，mRNAの安定度や活性の変化を導くことがある。

◆ イントロンにエキソン領域が挟まれていることが，真核生物の進化の過程で多様なタンパク質を産み出すことに大きく貢献した。

# Stage 33 RNA キャップと ポリ A の付加
## mRNA の前と後ろを決める構造

　RNA キャップとポリ A の付加は RNA 分子の両末端に貼りつけられる承認スタンプみたいなイメージでとらえていただければよいでしょう。

　RNA キャップは RNA の先頭側（5' 側）に付加されるもので，メチル化された GTP が結合した構造をしています（図 4.6）。これは RNA ポリメラーゼ II が mRNA 前駆体の合成を開始して，だいたい 25 ヌクレオチドほど並べた時点で付加されます。つまり，スプライシングが行われる段階ではすでに RNA キャップは付与された状態になっているわけです。この時点で，5' 末端から RNA を分解する酵素（5' → 3' エキソヌクレアーゼ）は作用できなくなります。つまり，RNA の安定度が飛躍的に増すことになります。なお，コロナウイルスに対する mRNA ワクチンの開発の際にもキャップ構造は非常に注目されました（コラム（p.211）参照）。

　ポリ A は RNA の末端側（3' 側）に付加される構造です。この付加反応のことをポリアデニル化とも呼びます。mRNA 前駆体の 3' 末端に近い領域には，AAUAAA という配列があります。さらに 3' 末端側に G と U が非常に多く混ざった配列（GU-rich）も存在しています（図 4.7）。これらはポリ A 付加シグナルの代表例としてとらえてください。この AAUAAA と GU-rich の間の部分で切断が生じ，そこに A が付加されていきます。A の長さは細胞や時期によってかなり差異がありますが，平均的には 150 ～ 250 個程度でしょうか。これも 3' 末端から RNA を分解する酵素（3' → 5' エキソヌクレアーゼ）

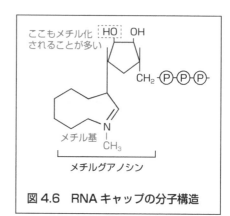

ここもメチル化
されることが多い

メチル基

メチルグアノシン

**図 4.6　RNA キャップの分子構造**

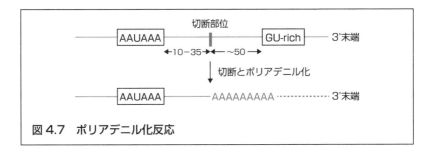

**図 4.7 ポリアデニル化反応**

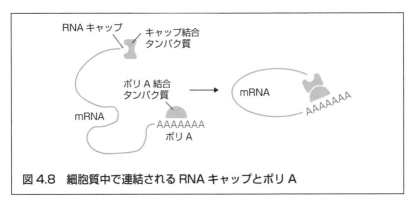

**図 4.8 細胞質中で連結される RNA キャップとポリ A**

が作用したとしても，ORF に到達する時間を稼ぐことができるので，やはり RNA の安定度の増加に寄与しているといえるでしょう。

　RNA キャップとポリ A はそれぞれに特異的なタンパク質が結合することによって，細胞質中で前側と後ろ側が互いに接近し，mRNA は環状に近い構造になります（図 4.8）。この形状を示すことによって，翻訳が終わったリボソームが，即座に開始コドンに近づくことが可能になり，効率のよい合成が実現すると考えられています。

**POINT 33**

◆ RNA キャップとは mRNA の 5' 末端に存在するメチル化された GTP のことである。
◆ mRNA の 3' 末端には平均的に 150 〜 250 個の A が結合したポリ A が存在し，ポリ A が付加される反応をポリアデニル化と呼ぶ。
◆ RNA キャップとポリ A は細胞質中でタンパク質を介して結合する。

# Stage 34 翻訳1〜mRNA上のコドンの使われ方

## アミノ酸が運ばれるしくみ

　トリプレットコドンに従ってアミノ酸を運ぶのがtRNAであることはStage 24（p.58）で学びました。ここでは，mRNA上のコドンがどのように細胞内で用いられるかを説明します。

　まず，mRNA上にいくつか存在するであろうAUGという配列のどれが開始コドンとして選ばれるのか考えてみましょう。AUGという配列は64分の1の確率で出現するため，頻繁に登場することになります。真核細胞においてはORFの先頭にあたるAUGの周りにはコザック配列と呼ばれる共通の配列があります。それ以外のAUGにはありません。これは，厳密な共通配列ではなく，一定の法則性をもった配列であるため，ここではコザック配列という名称までにとどめます。つまり，コザック配列を伴うAUGが存在した場合，メチオニン（AUGが指定するアミノ酸）と結合したアミノアシルtRNAがメチオニンを運んでくることになります。

　次にORFの途中のコドンについて説明します。いちばんわかりやすい例は指定するコドンがUGGしかないトリプトファンです（図4.9）。このとき，tRNAのうちアンチコドンとして5'-CCA-3'という配列をもつものだけがtRNAの3'末端にトリプトファンを結合しています。これがUGGというコドンにトリプトファンを運ぶわけです。

　最後に終止コドンについてです。終止コドンの場合は，それに対応するアミノアシルtRNAは存在しません。その代わりに翻訳終結因子と呼ばれるタンパク質が準備されています（図4.10）。ORFを読みとっているなかでUAAもしくはUAGもしくはUGAの配列が現れると，翻訳終結因子が働きかけることによって翻訳作業は終了となります。

　なお，終止コドンのUAAはオーカー（ochre），UGAはオパール（opal），UAGはアンバー（amber）という名称がつけられています。

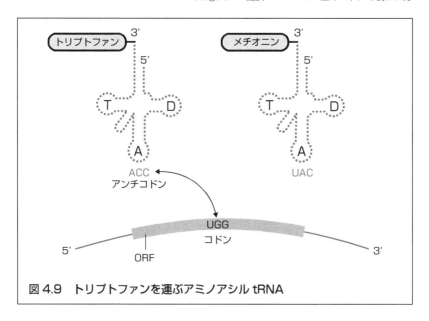

図4.9　トリプトファンを運ぶアミノアシルtRNA

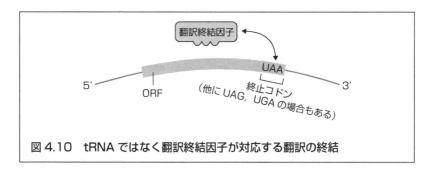

図4.10　tRNAではなく翻訳終結因子が対応する翻訳の終結

## POINT 34

◆ AUGという配列が実際に開始コドンとして機能するためにはコザック配列が必要である。

◆ mRNA上の5'-UGG-3'というコドンには，5'-CCA-3'というアンチコドンを有し，3'末端にトリプトファンを結合させたtRNAが対応する。

◆ mRNA上の終止コドン（UAA, UAG, UGA）に結合するtRNAは存在せず，代わりに翻訳終結因子が結合する。

# Stage 35 翻訳2～ リボソームの動き
## アミノ酸を連結させるしくみ

Stage 24（p.58）で学んだよう
に、リボソームは大サブユニット
と小サブユニットの2つの構造体
からつくられています。また、リ
ボソームの内側にはA部位、P部
位、E部位と呼ばれる空間があり
ます（図4.11）。リボソームとい
えば大猿（APE）として覚えても
いいですね。ポリペプチドの設計
図となるmRNAは図4.11の点線

図4.11 リボソームの内部構造

で囲まれた部位に位置することになり、各部位はmRNAの塩基3つのス
ペースになります。

　ポリペプチド鎖が合成されていく際、リボソームは織機のように動きま
す。ガッチャンと動くごとにポリペプチド鎖が伸びていくイメージで「ピ
タ ピタ ガッチャン」という合言葉に従って、学んでいきましょう。先に
述べますが、図4.12に示した第一段階がピタ、第二段階もピタ、第三段
階がガッ、第四段階がチャンです。反応はこのくり返しですので、すでに
3つのポリペプチド鎖が並んでいる状態からはじめます。翻訳過程の第一
段階はアミノアシルtRNAがA部位にピタと結合するものと思ってくだ
さい。A部位のAはアミノアシルtRNAに由来します。第二段階はポリペ
プチド鎖のいちばん後ろ、つまりC末端側のアミノ酸に新しいアミノ酸
がピタとペプチド結合することになります。P部位のPはペプチド化に由
来します。第三段階は大サブユニットがガッと塩基3つ分だけ移動し、第
四段階では小サブユニットがチャンと塩基3つ分だけ移動します。このと
き、E部位からtRNAが外れます。E部位のEの文字はexit（出口）に由
来するのですが、tRNAにとっての出口なのです。かくして第四段階まで

終えると，再び第一段階の状態になります。あとはピタピタガッチャンがくり返されていくことになるわけです。

　リボソームが正常に動くことは，生命維持のうえで必要不可欠な要素になります。それゆえ，このリボソームのピタピタガッチャンのどこかを止めるような化学物質は，その生物にとって毒薬となります。たとえばアミノグリコシド系抗生物質は一般に，細菌の 30S リボソームに結合し，タンパク質の合成を阻害することができます。このように，リボソームは抗生物質の最も有効な標的のひとつになるわけです。

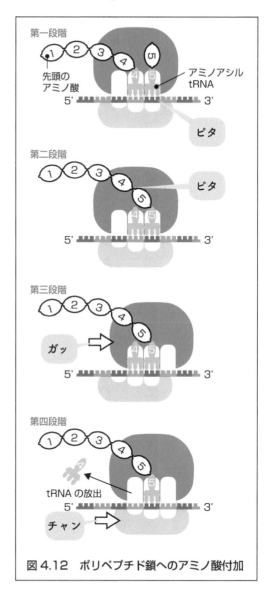

図 4.12　ポリペプチド鎖へのアミノ酸付加

POINT 35

◆ リボソーム内には，RNA のコドンの大きさに対応した，A 部位，P 部位，E 部位と呼ばれる空間が存在する。
◆ A はアミノアシル，P はペプチド化，E は出口（exit）に由来する。
◆ 抗生物質の多くがリボソームの機能を阻害する働きをもつ。

# Stage 36　転写のスイッチ

## 遺伝子の ON と OFF

　ヒトの DNA 上には遺伝子が約 21,000 種類あるといわれています。これ
は，RNA の転写元となる領域が約 21,000 種類あるということです。この
DNA 領域を構造遺伝子と呼びます。ほとんどの場合は「構造遺伝子」＝
「遺伝子」ととらえても大丈夫です。遺伝子は常に転写されているわけで
はなく，当然，適切な場所で必要なタイミングにおいて転写されていま
す。そのためには，すべての遺伝子に転写の ON と OFF を決定するス
イッチが必要になります。

　スイッチ（転写させるかどうかを決める領域）は構造遺伝子に隣接して
存在しています。その領域のことをプロモーターと呼びます。ここには
RNA ポリメラーゼが作用して，必要に応じて転写活動が開始されます。
プロモーターの中に存在するオペレーター領域には転写因子（transcrip-
tional factor）と呼ばれる転写を制御するタンパク質が結合します。正に
制御するものをアクチベーター，負に制御するものをリプレッサーと呼び
ます（図 4.13）。また，普段，オペレーター領域にリプレッサーが結合し
て転写が抑制されている際に，リプレッサーのオペレーターへの結合を阻
害し，その結果転写を引き起こす物質のことをインデューサーと呼びま
す。転写因子はタンパク質に限定されますが，インデューサーは糖や小分
子有機物に至るまでさまざまな物質が該当します。

　以上はオペレーター領域に直接働きかける物質群でしたが，ほかのかな
り離れたところに存在する DNA 領域が，オペレーター領域に転写を活性
化もしくは不活性化するために働きかけることがあります。活性化させる
DNA 領域をエンハンサー，不活性化させる領域をサイレンサーと呼びま
す。オペレーターからの距離は数千から数万塩基対くらいの場合が多いで
すが，なかには 300 万塩基対も離れたところに存在する例も知られていま
す。エンハンサーやサイレンサーがオペレーターに働きかける際には
DNA がループ構造をつくってエンハンサーやサイレンサーとオペレー

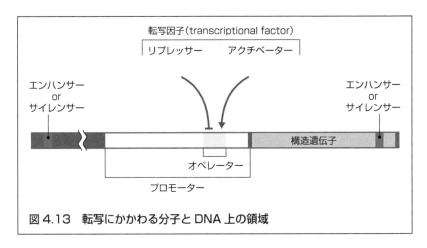

図 4.13　転写にかかわる分子と DNA 上の領域

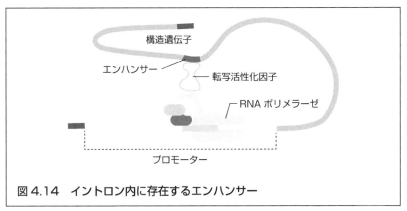

図 4.14　イントロン内に存在するエンハンサー

ターの間をつなぐタンパク質が介在します。おもしろいことに，構造遺伝子内のイントロンをコードしている DNA 領域の中にエンハンサーが含まれていることも多く見かけられます（図 4.14）。

## POINT 36

◆ 転写の活性を制御する領域をプロモーターと呼び，そのなかでも特に ON と OFF のスイッチとして働く領域をオペレーターと呼ぶ。

◆ オペレーターに結合して転写を活性化させる転写因子のことをアクチベーター，逆に不活性化させる転写因子をリプレッサーと呼ぶ。

◆ エンハンサーは DNA の立体構造を変化させてプロモーター領域に作用する。

# Stage 37 シグナルトランスダクション

## 細胞外の情報の細胞内での伝わり方

　細胞はホルモン等の細胞外からの刺激（シグナル）を受容すると，それを別の物質を用いた二次的なシグナルに変化させて，細胞内で伝達して，たとえば特定の遺伝子の転写を引き起こすなどの反応につなげます。この過程をシグナルトランスダクション（signal transduction）と呼びます。細胞を会社にたとえるならば，景気や売れ行き，他社の動向といった情報を集めてくる人がいて，その情報を元に会社内でさまざまな検討や会議を行う人がいて，その結果，何らかのアクションを決定する人がいます。これらの異なる役者が連動しながら，細胞にとって有益な反応につなげる過程と言い換えることもできるでしょう。

　典型的な例を，図 4.15 と図 4.16 に 4 コマ漫画風に示します。図 4.15 は外部からの刺激が，次々と細胞内の物質の活性を ON にして，細胞における特定の遺伝子の転写を促すパターンです。図 4.16 は，転写を阻害している分子を，外界からの刺激によって阻害することによって，転写が促されるパターンです。

　シグナルトランスダクションの例は無数に存在しますが，細胞質中で常

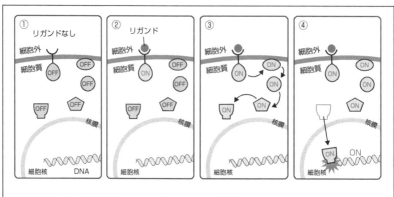

**図 4.15　シグナルトランスダクションの模式図 1**

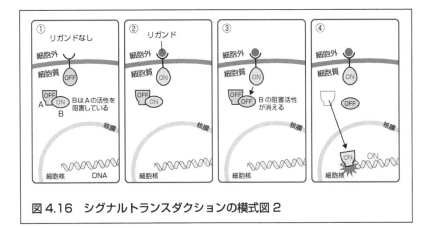

**図 4.16　シグナルトランスダクションの模式図 2**

に可逆的にスイッチのような形で存
在する分子もいます。その代表例が
TOR キナーゼと呼ばれる分子です。
これは，栄養が多いときにリン酸化
活性を有し，飢餓状態のときに不活
性化するという特徴があります。栄
養過多の状態が長く続くと，老化が

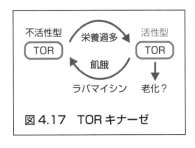

**図 4.17　TOR キナーゼ**

進むともいわれています。また，ラパマイシンという薬剤を用いることで
も不活性化できることで有名です（図 4.17）。
　次ページのコラムでは TOR シグナルを例に，シグナルトランスダク
ションの詳細を説明します。

## POINT 37

◆ 細胞外から細胞内に伝えられた刺激が，細胞内で情報として受け渡
　されて，細胞内での特定の遺伝子の転写などのさまざまな反応が導
　かれる一連の様子をシグナルトランスダクションと呼ぶ。
◆ シグナルの伝え方は，刺激が細胞内で連鎖的に活性化を導く場合も
　あれば，細胞内で常時行われている特定の因子への不活性化反応を
　阻害することによって特定の因子の活性を導くなど，さまざまな方
　式が存在する。
◆ 不活性型 TOR と活性型 TOR のように，可逆的なスイッチとして
　細胞質中に存在するタンパク質もある。

## 「TOR シグナル」

column

　TOR シグナルの TOR とは Target of Rapamycin（ラパマイシンの標的）を略したものです。ラパマイシンとはイースター島に存在する土壌細菌から発見された抗生物質のことです。ラパはイースター島の現地語名である Rapa nui に由来し，マイシン（-mycin）は抗生物質の名称によく使われる表現です（例：ストレプトマイシン，エリスロマイシン）。TOR はリン酸化酵素（キナーゼ）の一種であるため，以降は TOR キナーゼと呼びます。ラパマイシンは TOR キナーゼに結合して，そのキナーゼ活性を阻害する性質があります。

　TOR キナーゼはどのような分子機序で働いているのでしょうか。それを理解するためには，TOR シグナルのシグナルトランスダクションの全容をとらえる必要があります。ここでは，それを真っ向勝負で記載します。正直，眠くなってしまうかもしれませんが，時間のあるときでかまいませんので，図と文章を参考にしながら読みとってください。

　TOR キナーゼを活性化させる上流として，代表的な細胞外からの刺激はインスリン様成長因子である IGF（insulin-like growth factor）です。IGF は受容体に結合すると受容体を二量体化させることによって，PI3K（ピーアイスリーキナーゼ）を活性化させます。これから，PI3K から TOR キナーゼにつながる途中の役者がたくさん登場します。それゆえ，各分子のアルファベットの意味も割愛します。図では活性化状態の細胞内タンパク質を赤枠線で，不活性化状態のときは青枠線で示しています。まず，活性化された PI3K は，PIP2 という分子をリン酸化します。PIP2 の最後の P はリン酸の P のことですので，PI3K によってリン酸が追加された PIP2 のことを PIP3 という書き方をすることが一般的です。そして PIP3（PIP2 にリン酸が付加されたもの）は AKT を活性化します。ここまでは，前の分子の活性化が次

の分子の活性化を導くのでわかりやすいのですが，ここからが少しトリッキーになります。活性化された AKT は TSC1/TSC2（TSC1 と TSC2 の複合体）を不活性化します。TSC1/TSC2 には TOR キナーゼを不活性化する働きがあるので，PI3K の活性化は結果として TOR キナーゼを活性化することになります。最後に活性化された TOR キナーゼは S6K1 と 4EBP1 をリン酸化します。おもしろいことに，S6K1 はリン酸化されることで活性化されるのに対して，4EBP1 は不活性化されます。

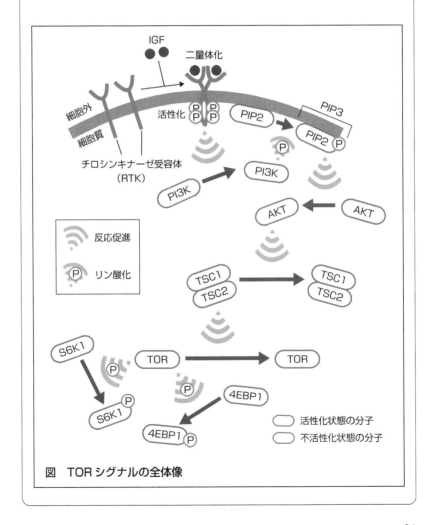

図　TOR シグナルの全体像

# 「イントロンが切りとられるとき」

mRNA前駆体がmRNAになるうえで，イントロンをとり除く反応であるスプライシングは欠かすことはできません。ただ，1本の長いロープを離れた2か所（A地点とB地点とします）で切ったとすれば，Aの切断面とBの切断面の間に距離が生じます。AとBの切断面をすぐにつなぐためには，切断する前の段階でA地点とB地点の距離を十分に縮めておく必要性があります。これと同じことが細胞核の内側でも行われています。

真核生物においてイントロンが切られるときには，snRNP（低分子核内リボヌクレオタンパク質：small nuclear ribonucleoprotein）が作用します。この構成因子にはU1，U2，U4，U5，U6の5種類があり，それぞれタンパク質の内部に短いRNA断片（snRNA：Stage 23（p.56）参照）が含まれています。これらの役者によって，スプライソソームと呼ばれるスプライシングに不可欠な分子構造体が形成されます（図）。この形成のために，イントロンの前方部分にU1が，中央のアデニンを含む領域にU2がまず結合します。続けてU4とU6がU1とU2をつなぎ合わせて，イントロンはループ状構造となり，U5が加わることでスプライソソームは完成となります。その後，U5がイントロンの後方領域に移動する際に，イントロンの前端の塩基は，U2が結合していた配列内のアデニン(A)と結合し，環状構造をつくり，この状態でイントロンは除去されます。そして，エキソンどうしが結合した部分の配列はAGGとなります。このようにしてイントロンは切りとられます。なお，U3は核小体内で働き，rRNAの編集にかかわります。このU3に内蔵されたRNAはsnoRNAと呼びます（Stage 23参照）。

Stage 31（p.76）において，同じひとつのmRNA前駆体であっても，エキソンの選び方が異なるために複数の種類のmRNAが作成される

話を述べました。これは用いられるスプライソソームの種類の違いに
よって生じています。

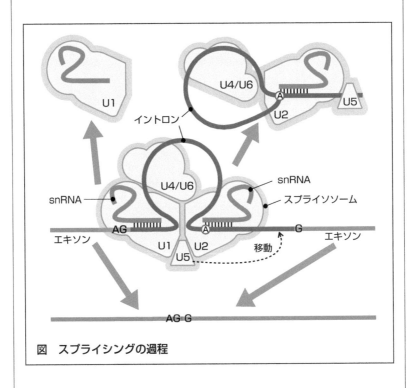

図　スプライシングの過程

## column

# 「シグナルトランスダクションの簡単な描き方」

　90ページのコラムで示した経路は，分子生物学の世界において，図のように描かれることがあります。分子の間に存在する矢印は，その矢印線によってつながる上流の分子が下流の分子の働きを活性化させることを意味します。一方，アルファベットのTの形をした線がありますが，これは上流の分子が下流の分子の働きを阻害することを表します。この描き方の便利なところは，離れた分子の関係がどのようなものであるかを簡単に理解することができる点です。

　2種類の分子だけに注目した場合に，その該当する分子の間にT型の線が奇数個なのか偶数個なのかが重要になります。AKTとTORの間にはT型の線が2本あるので，AKTはTORを活性化させることが読みとれます。PI3Kと4EBP1の間にはT型の線が3本あるので，PI3Kは4EBP1を不活性化させることが読みとれます。このシグナルトランスダクション特有の描き方に是非慣れてください。

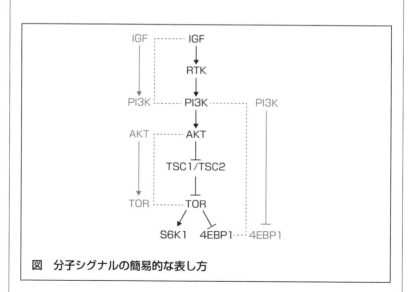

**図　分子シグナルの簡易的な表し方**

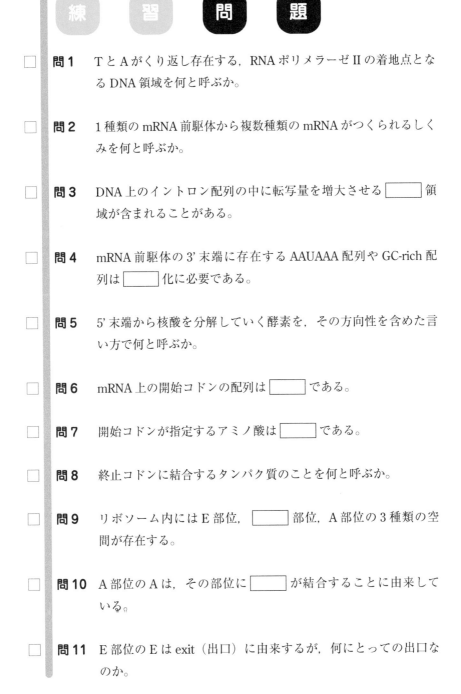

練 習 問 題

☐ **問 1** T と A がくり返し存在する，RNA ポリメラーゼ II の着地点となる DNA 領域を何と呼ぶか。

☐ **問 2** 1 種類の mRNA 前駆体から複数種類の mRNA がつくられるしくみを何と呼ぶか。

☐ **問 3** DNA 上のイントロン配列の中に転写量を増大させる ☐☐☐ 領域が含まれることがある。

☐ **問 4** mRNA 前駆体の 3' 末端に存在する AAUAAA 配列や GC-rich 配列は ☐☐☐ 化に必要である。

☐ **問 5** 5' 末端から核酸を分解していく酵素を，その方向性を含めた言い方で何と呼ぶか。

☐ **問 6** mRNA 上の開始コドンの配列は ☐☐☐ である。

☐ **問 7** 開始コドンが指定するアミノ酸は ☐☐☐ である。

☐ **問 8** 終止コドンに結合するタンパク質のことを何と呼ぶか。

☐ **問 9** リボソーム内には E 部位，☐☐☐ 部位，A 部位の 3 種類の空間が存在する。

☐ **問 10** A 部位の A は，その部位に ☐☐☐ が結合することに由来している。

☐ **問 11** E 部位の E は exit（出口）に由来するが，何にとっての出口なのか。

**問 12**　転写因子のうち，オペレーター領域に結合することによって転写を抑制するものを何と呼ぶか。

**問 13**　DNA 上の配列のうち，特に RNA として転写される領域を ｜＿＿＿＿｜遺伝子と呼ぶ。

**問 14**　細胞外からの刺激を細胞内で伝達して特定の遺伝子の発現などにつなげる過程を何と呼ぶか。

**問 15**　ラパマイシンは ｜＿＿＿＿｜（アルファベット 3 文字）と呼ばれる分子の働きを阻害する。

解　答

問 1　TATA ボックス
問 2　選択的スプライシング
問 3　エンハンサー
問 4　ポリアデニル
問 5　5' → 3' エキソヌクレアーゼ
問 6　AUG
問 7　メチオニン
問 8　翻訳終結因子
問 9　P
問 10　アミノアシル tRNA
問 11　tRNA
問 12　リプレッサー
問 13　構造
問 14　シグナルトランスダクション
問 15　TOR

# Chapter 5
# 細胞内骨格と細胞分裂

すべての生物は，その最小単位として細胞という細胞膜で袋状に閉じられた空間を有しています。その空間の中ではさまざまなドラマが生まれていますし，ときには分断されて細胞全体が分裂します。本章では，そのダイナミックなしくみを支えている細胞内骨格に焦点を当てて，学んでいきましょう。

# Stage 38 アクチンフィラメント

## 細胞のダイナミックな動きを導くしくみ

　真核細胞には発達した細胞内骨格が存在することが原核細胞との決定的な違いを生み出していることを Stage 06（p.12）で学びました。Stage 38 〜 40 では，細胞内骨格に属するアクチンフィラメント，微小管，中間径フィラメントの 3 つのフィラメント（図 5.1）について学んでいきます。

　まずアクチンフィラメントについて説明します。3 つの細胞内骨格の中では，その基本となる線維は最も細く，5 〜 9 nm くらいの太さになります。線維はアクチンと呼ばれる粒状のタンパク質が重合することによって成り立っており，重合と脱重合を状況に応じて使い分けることによって，伸びたり縮んだりします（図 5.2）。バラバラのときを G-アクチン，重合したものを F-アクチンと呼びます。

　アクチンフィラメントはその多くが細胞膜の内側を裏打ちするような形で位置しています。それは，細胞膜の形を物理的に変化させる能力につながっています。たとえば，膜の形を自在に変形させながら移動するアメー

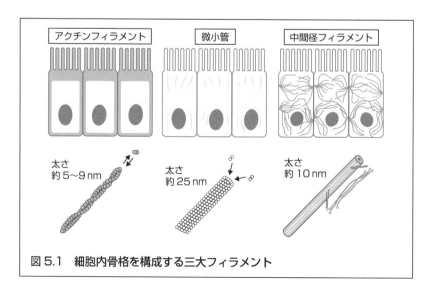

アクチンフィラメント　　微小管　　中間径フィラメント

太さ
約5〜9 nm

太さ
約25 nm

太さ
約10 nm

図 5.1　細胞内骨格を構成する三大フィラメント

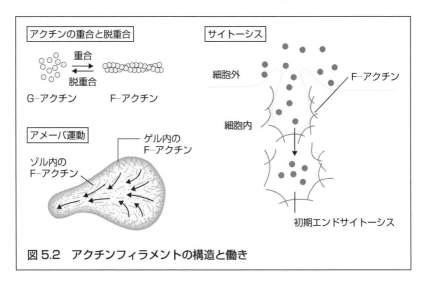

**図 5.2　アクチンフィラメントの構造と働き**

バの運動にはアクチンフィラメントが欠かせません。私たちの生体内にあるマクロファージや樹状細胞などもアメーバ運動を行います。また，細胞の内外の物質輸送にもかかわるサイトーシスもアクチンフィラメントが必要不可欠です（図5.2）。アクチンフィラメントを有するようになった原始的な真核生物は，サイトーシスによって好気性細菌をとり込みました。それが共生状態になったものがミトコンドリアです。続けて，光合成細菌をとり込むものも現れ，それが共生状態になったものが葉緑体です。これを細胞内共生説と呼び，今はほぼすべての細胞生物学者が支持しています。真核生物の特徴のひとつが，ミトコンドリアなどの細胞内膜構造をもつことですが，それはアクチンフィラメントが存在したからこそ成しえた現象だったということです。

**POINT** 38

◆ 真核細胞に存在する発達した細胞内骨格は，アクチンフィラメント，微小管，中間径フィラメントに大別される。

◆ アクチンフィラメントは最も細い細胞内骨格であり，G-アクチンが重合してF-アクチンになることによって形成される。

◆ サイトーシスによってとり込まれた好気性細菌が真核細胞のミトコンドリアに変化したと考えられている。

# Stage 39 微小管

## 細胞内の輸送を担うしくみ

　次に細胞内骨格の2つ目の微小管について説明します。名前に「微小」とつきますが，3つの細胞内骨格の中ではいちばん太く，直径は25 nm くらいあります。アクチンフィラメントが釣り糸なら，微小管は凧糸みたいなイメージです。凧揚げでは，凧糸の片側に凧が，もう片方に糸巻きがついていますよね。凧

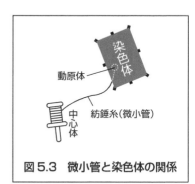

図5.3　微小管と染色体の関係

糸を微小管とするならば，凧は染色体に，凧と凧糸の結合部分は動原体に，糸巻きは中心体とたとえることができます（図5.3）。まさに細胞分裂の際には染色体を細胞の両側に引き寄せるための原動力として働くのが微小管ということです（図5.4右上）。このときの微小管のことを特に紡錘糸と呼びます。

　主要となる働き方を先行して説明してしまいましたが，アクチンフィラメントと同じく，微小管も粒状のタンパク質が重合・脱重合することで伸びたり縮んだりします。この重合・脱重合が行われる側をプラス端，その逆側をマイナス端と呼びます。そして，この粒状のタンパク質のことをチューブリンと呼びます。チューブリンには $\alpha$ サブユニットと $\beta$ サブユニットが存在し，両サブユニットが結合した，だるま型の構造をしています（図5.4左上）。

　では細胞分裂時以外のときの微小管の働きについて説明します。すべての細胞において用いられているのは細胞内の道路としての役割です。普段の細胞では，微小管は細胞核の脇から細胞全体に放射状に伸びています。道路というからには当然，車が走っているわけですが，主に2種類のトラックが走っていると形容できるでしょう。ひとつはダイニン，もうひと

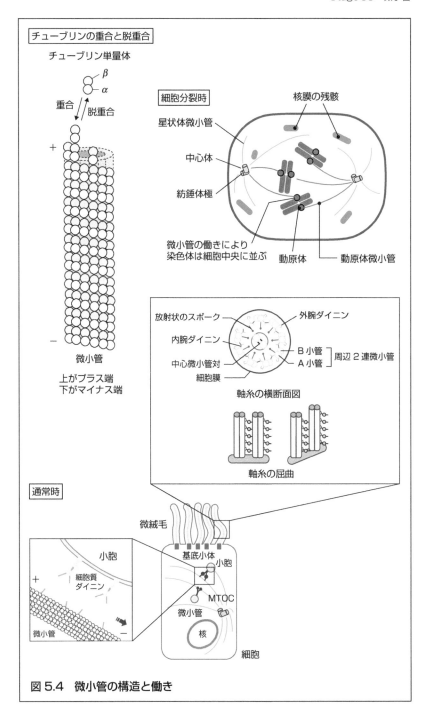

図 5.4 微小管の構造と働き

つはキネシンと呼ばれるタンパク質です。これらはモータータンパク質とも呼ばれます。両者の決定的な違いは，キネシンは原則マイナス端からプラス端の方向に移動するのに対して，ダイニンはプラス端からマイナス端の方向に移動する点です。積み荷は各種タンパク質，小胞，細胞内小器官，核酸など多岐に及びます（図5.4下）。この微小管を通した輸送の必要性を最も感じることができる現象が軸索輸送です。神経細胞（ニューロン）は大きく神経細胞体（細胞核が存在する最大体積を有する領域），神経末端（神経細胞体と反対の側にあり神経伝達物質を分泌する領域），そして軸索（両者をつなぐ細長い領域）の3つに分かれます。神経末端では神経伝達物質が分泌されるわけですが，神経末端は物質を合成する能力をほとんど有しておらず，ほとんどの神経伝達物質は神経細胞体領域において合成されます。当然，神経細胞体領域から神経末端領域へと合成された神経伝達物質を輸送する必要が生じるわけです。軸索の中には数本の微小管があり，その上を走るモータータンパク質によって，この輸送が実現されることになります。

　また，鞭毛や繊毛，そして小腸上皮細胞の微絨毛などの細胞上に存在する突起構造において，運動を担う背骨のような働き方もします。先ほどダイニンを紹介しましたが，ダイニンの足場だけではなく積み荷も微小管であれば，ダイニンの動き方次第で，全体の形が大きく変わることになります。上述した突起構造の中には，このしくみを用いた特殊なはしごが存在します。具体的には，2本の微小管のまわりを，断面が8の字状のような形をした微小管が9本とりまき，ダイニンなどの分子がその間をつないでいます。これを9＋2構造と呼び（図5.4中央），多くの真核細胞がこの変形可能なはしごをさまざまな領域で活用しています。

**POINT** 39

- ◆ 微小管はチューブリン分子が重合して形成された最も太い細胞内骨格である。
- ◆ 微小管は細胞分裂の際に紡錘糸として働く。
- ◆ さまざまな物質や細胞内小器官が，微小管上を動くダイニンやキネシンなどのモータータンパク質によって運ばれる。

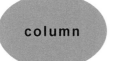
# 「原核細胞の細胞内骨格」

　Stage 38 〜 40 まで述べた細胞内骨格は真核細胞にのみ存在する機構です。しかし，原核細胞にも，これらほど発達していないのですが，やはり細胞内骨格のようなしくみは存在します。たとえば，大腸菌においては，伸びる際には MreB と呼ばれるタンパク質からなるバネ状の構造が伸びることがわかっています。分裂する際には FtsZ が分裂面に Z リングと呼ばれる構造体をつくり，屈曲する際には CreS が働くことが知られています。MreB はアクチンフィラメント，FtsZ は微小管，CreS は中間径フィラメント的な存在といえるでしょう（図）。

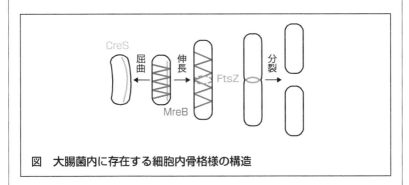

図　大腸菌内に存在する細胞内骨格様の構造

　また，原核細胞の細胞質にはプラスミドと呼ばれる環状 DNA が含まれていますが，これらは細胞が分裂する際に娘細胞に分配されます。その際には ParM と呼ばれる線維が使われています。これは構造的にはアクチンに似たタンパク質なのですが，働き方は微小管のようでもあります。

# Stage 40 中間径フィラメント

## 細胞や細胞核を支持するしくみ

　最後に細胞内骨格の3つ目の中間径フィラメントについて説明します。その名のごとくアクチンフィラメントと微小管の中間の太さをもち，断面の直径は 10 nm くらいあります。先の2つが粒状のタンパク質の集合体であるのに対して，中間径フィラメントのサブユニットは細長い構造をしています（プロトフィラメントとも呼ぶ）。これがより合わさって完成されます（図5.5上）。このプロトフィラメントの種類には細胞特異性があり，その特異性が発揮されることによって，サイトケラチン（上皮細胞等に発現），デスミン（筋肉細胞等に発現），ビメンチン（線維芽細胞等に発現），GFAP（星状膠細胞等に発現），ペリフェリン（視細胞等に発現），ニューロフィラメント（神経細胞に発現），ネスチン（神経幹細胞に発現）などの異なる中間径フィラメントが上述の括弧内の細胞の性質を特徴づける因子として発現することになります。もちろん，ラミンのように細胞特異性を示さない中間径フィラメントも存在します。

　細胞特異性があるので，役割は多岐に及びますが，ここでは特に主となる役割を紹介したいと思います。まず，細胞全体を物理的に支持することが挙げられます。この性質や骨格の張り巡らし方などは細胞ごとに多様ですが，細胞膜状に存在するタンパク質の細胞内領域に結合し，そこを土台として放射状に傘の骨のごとく細胞全体を支えているといえるでしょう。細胞特異性のないラミンについては，真核細胞を特徴づけるうえで極めて重要な役割があります。それは細胞核を形成する膜を裏打ちするように結合して，細胞核全体の構造を支えるというものです（図5.5下）。この分子構造を核ラミナと呼びます。細胞分裂時には細胞核は消失するわけですが，それは細胞分裂時に核ラミナを構成するラミンがリン酸化されると，核ラミナ構造が崩壊することによって生じます。細胞核の有無というのは，実は中間径フィラメントの一種であるラミンの有無とも言い換えられるわけです。

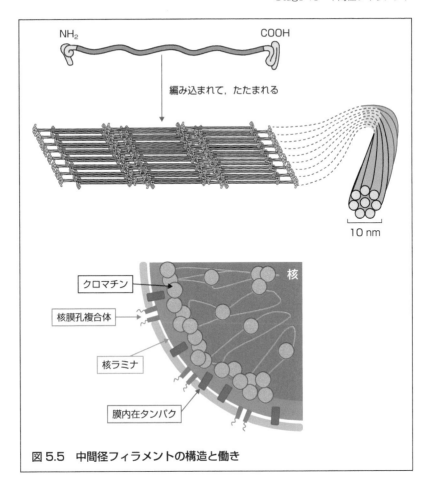

図 5.5　中間径フィラメントの構造と働き

**POINT** 40

◆ 中間径フィラメントはその名のとおり，アクチンフィラメントと微小管の中間の太さを有する細胞内骨格である。

◆ 中間径フィラメントを構成するタンパク質は多種類存在している。

◆ 細胞核の内側には中間径フィラメントの一種であるラミンによって形成された核ラミナ構造が存在し，細胞分裂時にはリン酸化されることによって，核ラミナ構造が崩壊する。

# Stage 41 染色体の構造

## 複製した DNA を均等に分ける構造

　ヒトの体細胞が分裂する際には，染色体が 46 本登場することになります（図 5.6）。1 ～ 22 番まである常染色体がそれぞれ 2 本ずつ，さらに男性の場合は追加で性染色体である X 染色体と Y 染色体を，女性の場合は X 染色体を 2 本有し，合計 46 本ということになります。図 5.6 には各染色体に含まれる遺伝子や，その染色体がどのような病気の原因になるのかという情報に関する一部の例も載せてあります。なお，この状態を「2n＝46」と生物学では記載します。この記載法は方程式ではありません。正しい読みとり方は「（この細胞は）核相は 2n（複相）であり，総染色体数は 46 本である」となります。精子などは n＝23 ですので「（この細胞は）核相は n（単相）であり，総染色体数は 23 本である」，被子植物であるサクラの胚乳などは 3n＝24 ですので「（この細胞は）核相は 3n であり，総染色体数は 24 本である」と読みとることになります。

　生物種によってさまざまなのですが，典型的な形をした染色体のモデルを図 5.7 に示しました。このとき 1 と 2 の部分を染色分体と呼びます。そ

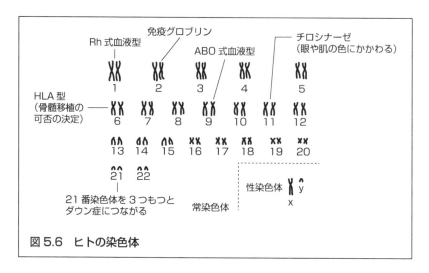

図 5.6　ヒトの染色体

れぞれ，まったく同じ塩基
配列を有する DNA が 1 本
ずつパッケージングされて
いる状態です。それゆえ，
矢印 1 と矢印 A で示され
る部分（1A とします）と
2A は同じ情報が，同じく
1B と 2B にも同じ情報が
含まれています。次項で学
ぶ細胞分裂が生じる際に
は，この染色分体 1 と 2 が

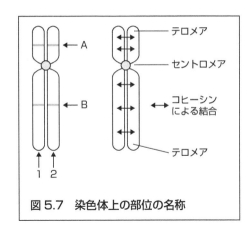

**図 5.7　染色体上の部位の名称**

分離し，異なる娘細胞に分配されることになります。十分な準備が整うま
で分離しないように，染色分体間はコヒーシンと呼ばれるタンパク質で結
びつけられていますが，これが分解されると染色分体どうしは離れること
になります。DNA 上には，テロメアとセントロメアと呼ばれる配列があ
ります。テロメアは体細胞分裂のたびに短くなるため（次世代では元の長
さに戻るのですが），個体の寿命を決定するうえでのひとつの役割を果た
していると考えられるものです。セントロメアは複数のタンパク質が結合
して，紡錘糸が結合する動原体（キネトコア）という構造をつくるために
必要不可欠な領域です。図 5.7 の右には染色体上にテロメアとセントロメ
アが記載されていますが，これは染色体上の構造において，これらの
DNA 配列が指し示したところに位置することを意味しています。

## POINT 41

◆ ヒトには 22 種類の常染色体，性染色体である X 染色体と Y 染色
体の合計 24 種類の染色体が存在する。

◆ 染色体において染色分体どうしはコヒーシンと呼ばれるタンパク質
によって結合している。

◆ 染色体上の紡錘糸が結合する領域をセントロメアと，DNA の末端
の領域をテロメアと呼ぶ。

# Stage 42 細胞周期とチェックポイント

## 分裂が間違いなく行われるしくみ

　全自動洗濯乾燥機を想像してください。水量が一定値に至った時点で洗いの作業がはじまります。また，脱水の作業はすすぎのための水が完全に抜けた時点ではじまります。おそらく機械の中では「水量が一定値に至った」「水が完全に抜けた」ことを確認するチェックポイントがあり，そのチェック項目を通過して初めて次の段階に移ることになります。チェックポイントが機能しないと大変なことになるのは想像に難くありません。細胞分裂にも同じように大きく4つのチェックポイントがあります。$G_1/S$チェックポイント，S期チェックポイント，$G_2/M$チェックポイント，そしてM期チェックポイントです（図5.8）。これらのチェックポイントをクリアしながら，「$G_1$期→S期→$G_2$期→M期→」という順番で細胞周期は回っていきます。なお，「$G_1$期→S期→$G_2$期」の期間は細胞内では大きな変化が生じているのですが，光学顕微鏡で観察しても特に大きな変化がありません。それゆえ，ダイナミックな変化のある分裂期（M期）に対して，「$G_1$期→S期→$G_2$期」をまとめて間期とも呼びます。

　Sは Synthesis（合成）の頭文字であり，S期とはDNA合成期をさします。1つの細胞が2つの細胞に分裂する際には，当然ながらDNAをすべてコピーする必要があり，その合成が行われるのがS期となります。MはMitosis（有糸分裂）の頭文字であり，M期とは分裂期をさします。よく染色体が分かれていく様子が描かれますが，外観上，最もダイナミックな変化を示す時期となります。GはGap（間）の頭文字であり，M期とS期の間を$G_1$期，S期とM期の間を$G_2$期と呼びます。$G_1$期と$G_2$期の最大の違いは細胞あたりのDNA量です。外観は細胞の中に細胞核があり，見分けはつきにくいのですが，細胞核の中にあるDNAは$G_2$期ではすでに複製された後であり，$G_1$期の2倍量存在することになります。

　細胞周期は連続して行われるので，はじまりも終わりもありませんが，どの状態を最初に把握することが理想的かといえば，分裂期（M期）の

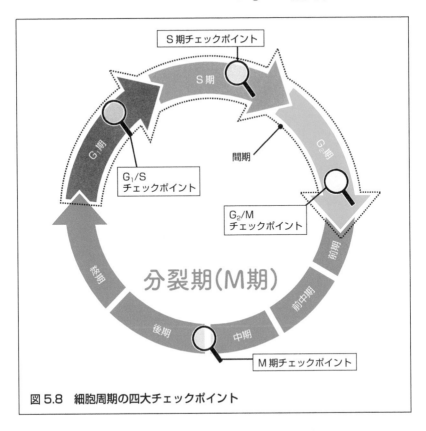

図 5.8　細胞周期の四大チェックポイント

中でも特に中期がそれにあたるでしょう。このとき，すべての染色分体の動原体領域には，細胞の両側にある紡錘体極から伸びてきた紡錘糸が結合している状態になります。紡錘糸は細胞内骨格の中の微小管から成り立つことは Stage 39 で説明したとおりですが，この動原体と結びつく微小管のことを特に動原体微小管と呼びます（図 5.9）。また染色体が存在する辺りまで伸びてきたものの，動原体と結合できなかった微小管は極間微小管と呼び，図に示すように両側から伸びてきた極間微小管どうしは結合します。これは染色分体どうしが分かれていった後もその位置に残り，細胞の赤道面の位置情報を維持するために用いられます。それ以外の微小管は紡錘体極の位置を維持するためなどに用いられ，特にこれらを星状体微小管と呼びます（図 5.9）。図にはあえて細胞膜を記載しませんでしたが，この全体の形のことを紡錘体と呼びます。完全な美しい紡錘体が形成されたこ

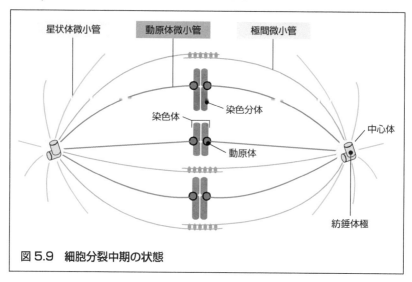

星状体微小管　　動原体微小管　　極間微小管

中心体

染色体　　　染色分体

動原体

紡錘体極

**図 5.9　細胞分裂中期の状態**

とを感知するのが M 期チェックポイントであり，ここを通過すると，染色分体どうしが両極に分かれていくことになります。

**POINT** 42

◆ 細胞周期は「G₁ 期→ S 期→ G₂ 期→ M 期→」という順にくり返し進む。

◆ 細胞周期には条件を満たさないと先に進まないチェックポイントがいくつか存在するが，そのなかでも特に大きなチェックポイントが 4 つ存在する。

◆ M 期チェックポイントでは，完全な美しい紡錘体が細胞内で形成されていることを感知している。

# 「スピードモードがある 原核生物の細胞周期」

　原核生物にも細胞周期があり，DNA 複製期（C 期）と分裂期（D 期），そして準備期間（B 期）が存在します（図の左側）。おもしろいことに原核生物の中には，非常に条件がよい場合には，スピードモードで分裂をするものもいます（図の右側）。なんと，D 期が行われている最中に次の細胞周期の C 期をはじめてしまうのです。これを見ると，DNA の分裂と細胞質の分裂は別物なのだということがよくわかります。ただでさえ細胞核も存在せず，ゲノムサイズも小さいのに，このようなスピーディな分裂をされたら，真核細胞は増殖速度で原核細胞に敵うはずもないわけです。

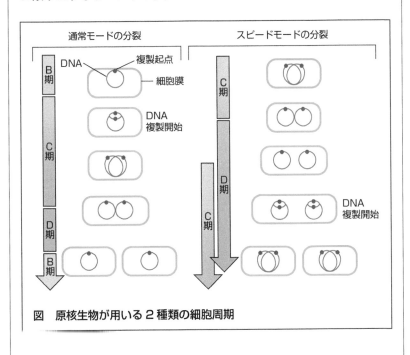

図　原核生物が用いる 2 種類の細胞周期

# Stage 43 分裂期

## 細胞を均等に分けるために

　分裂期のダイナミックな染色体の動きは，前項で説明した分裂中期を中心に，その前後を把握していくとわかりやすいです。分裂中期の状態は前項と図 5.10 の **3** に示しましたが，すべての染色体が赤道面上に配置された状態となります。ここから後が，染色体の中にある 2 つの染色分体のそれぞれが両極側に引っ越していく時期であり，これより前は引っ越しの準備をしている時期としてとらえるとよいでしょう。

　それでは分裂期に存在するそれぞれの時期を簡単に説明していきます。なお，これからの説明では，便宜上，分裂○期のことは単に○期と書きます。中期より前の段階は，前期と前中期というものがあります。中期より後の段階は後期と終期というものがあります。前期はまだ核膜が残っていますが，前中期は核膜が断片化しているものの染色体が赤道面上に並んでいません。後期は紡錘糸によって染色分体どうしが離れた段階です。染色分体が移動を終えた時点から終期です。この時期にはすでに新しい核膜が形成しはじめます。その後，細胞質が分裂することになります。分裂期（M 期）は主にこの前期→前中期→中期→後期→終期という形で進みます（図 5.10）。また，この中期→後期の矢印が進むためには，Stage 42 で説明したとおり，M 期チェックポイントを通過する必要があります。中期を正確に把握したうえで，前に述べたそれぞれの特徴を考えれば，自ずとそれぞれの時期の全体像は簡単に描けるようになるでしょう。

### POINT 43

◆ 分裂期（M 期）には，前期，前中期，中期，後期，終期が存在する。
◆ 中期の状態をつかみ，それより前の段階と後の段階を分けて考える。
◆ 終期には細胞核が分離する段階と，それに続く細胞質が分離する段階も含まれている。

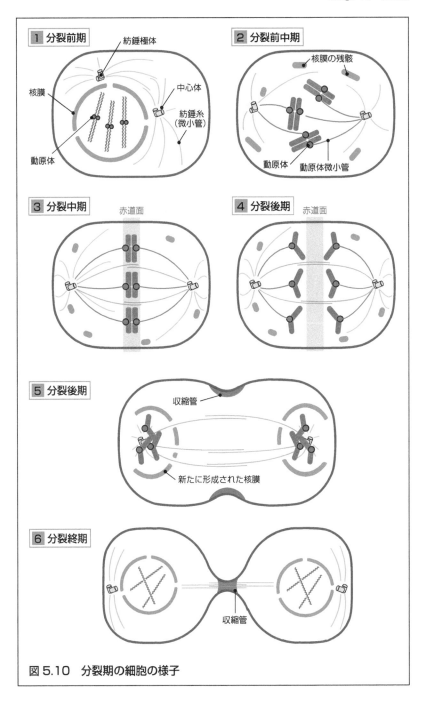

図5.10　分裂期の細胞の様子

# Stage 44 Cdk とサイクリン

## 細胞周期をコントロールする役者

　細胞分裂の分裂期（M 期）以外は，見た目は細胞の中に細胞核がある構造をしており，簡単に見分けがつきません。ただし，細胞の内側では，それぞれの時期に応じたダイナミックな反応が行われています。この進退を決定する分子機構が Cdk（cyclin dependent kinase）とサイクリンという２種類のタンパク質です（図 5.11）。どちらも，いくつかの種類が存在します。基本的に，Cdk とサイクリンが結合して複合体を形成して活性化している際に細胞周期は進みます。M 期チェックポイント以外はこの分子群が直接かかわります。

　G$_1$/S チェックポイントでは「DNA を合成するための準備は整っているか」がチェックされます。より細かく述べると DNA に損傷がないこと，複製のための材料（ヌクレオチド等）が十分量あること，そして細胞の大きさが十分であることです。これらをクリアすると，サイクリン E と Cdk が複合体を形成し，細胞周期が進むことになります。

　S 期チェックポイントでは「正しい DNA 合成が行われたか」がチェックされます。これをクリアしていればサイクリン A と Cdk が複合体を形成し，S 期の完了作業が行われ，G$_2$ 期に進みます。

　G$_2$/M チェックポイントでは「分裂するための準備が整っているか」がチェックされます。これをクリアしていればサイクリン B が Cdk と複合体を形成し，有糸分裂がはじまります。

　なお，本文でも図 5.11 でも Cdk は１種類のみの形で説明しましたが，実際には Cdk1，Cdk2，Cdk4，Cdk6 などの異なる Cdk が細胞周期の時期に合わせて用いられています。

　細胞周期に関する基礎知識を説明しましたが，この分野はがん化機構などとも密接にかかわりがあるため，かなり研究が進んでいます。なぜなら何らかの突然変異によって，これらの細胞周期をコントロールする役者の働きに狂いが生じてしまったら，制限なく分裂が続く状態も生じるからで

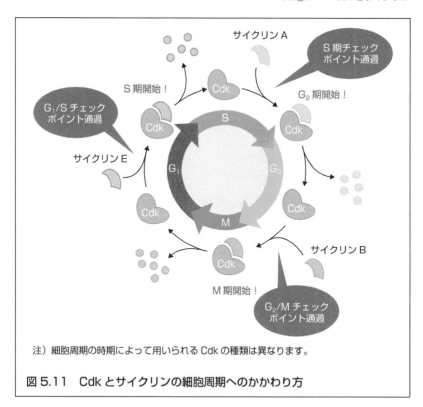

注）細胞周期の時期によって用いられる Cdk の種類は異なります。

**図 5.11 Cdk とサイクリンの細胞周期へのかかわり方**

す。この分野の詳細の分子機構だけでも膨大な知見がありますので，興味を抱かれた人は是非詳しく調べてみることをオススメします。

## POINT 44

◆ M 期以外の時期では細胞の周期がどの段階にあるのかについて，外観から区別することは難しい。

◆ 細胞周期は Cdk と 3 種類のサイクリンによって制御されている。

◆ S 期の開始にはサイクリン E が，$G_2$ 期の開始にはサイクリン A が，M 期の開始にはサイクリン B がかかわっている。

# Stage 45 G<sub>0</sub> 期と分化

## 細胞周期が止まるとき

細胞は分裂ばかりしているわけに
はいきません。なぜなら，場所や時
期によって，細胞は求められる仕事
をするスペシャリストになる必要が
あるからです。細胞のそれぞれに与
えられた専門職を遂行できるよう細
胞が特殊化していく過程を「分化」
と呼びます。分化する際には，細胞
は細胞周期からいったん外れると考
えられます。その状態の細胞は，
G<sub>0</sub> 期に位置すると考えられます（図

図 5.12　細胞周期と G<sub>0</sub> 期

5.12)。「現状（細胞周期にいること）に満足せず社会人モード（G<sub>0</sub> 期）
になって，職に就きなさい（分化しなさい）」といったイメージですね。

　分化するためには，その細胞を特徴づける遺伝子が ON になる必要が
あります。Stage 36（p.86）においてすべての遺伝子にスイッチがある話
をしました。仮にその細胞が眼になることを決定づける転写因子 A が存
在していたとしましょう。この転写因子 A の遺伝情報は遺伝子 A にコー
ドされています。遺伝子 A のプロモーター上には，転写の ON もしくは
OFF を決定する転写因子 B が存在します。転写因子 B 自体も，転写因子
B のアミノ酸配列をコードした遺伝子 B が存在します。そして，遺伝子
B のプロモーター領域に結合する転写因子 C が存在しており，当然，遺
伝子 C も存在することになります（図 5.13）。

　この転写因子のバトンタッチのような関係の中に図 5.13 に黄緑色の線
で示すルートが生じたらどうなるでしょうか。つまり，転写因子 B 自体
が転写因子 B をコードした遺伝子 B のプロモーター領域に作用して，ス
イッチを ON にする正のフィードバックループです。この場合，転写因

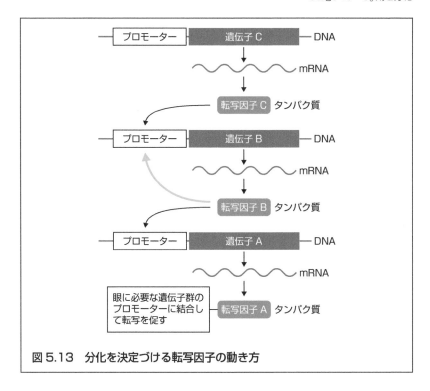

**図 5.13　分化を決定づける転写因子の動き方**

子 B は恒久的にこの細胞内で発現します。$G_0$ 期において，細胞の分化が決定（運命決定）される機構の中では，この正のフィードバックループ機構は欠かせません。このような形が蓄積されることによって，一度，分化した細胞が元に戻る（脱分化する）のはほぼ不可能な状況になります。

　それでも，この構築された転写因子の階層構造を無視して，元の状態に戻すことに成功した例が，iPS（induced pluripotent stem）細胞になります。Stage 75（p.200）で詳しく説明します。

**POINT** 45

◆ 細胞が分化する際には，細胞周期は $G_0$ 期の状態にある。
◆ どのような転写因子が発現しているかによって，分化は決定される。
◆ 転写因子が上流に正のフィードバックを生じさせることは，分化の決定のうえで非常に効果的といえる。

# 「真核生物の4番目の細胞内骨格」

　真核生物では，アクチンフィラメント，微小管，中間径フィラメントの3つの細胞内骨格が存在することを説明しましたが，その後の研究から，ほかにも細胞内骨格に相当すると思われる分子構造が見つかってきています。その代表的なものがセプチンフィラメントです。

　セプチンフィラメントは図に示すようにセプチンという分子（いくつかの種類がある）が重合してできあがったものです。セプチンはさらに規則正しい重合を行うとセプチンリングという環状構造を示す場合があります。これは，細胞膜の一部をキュッとしぼめる際に用いられることが多く，たとえば，不均等なサイズの細胞分裂を引き起こす際の分裂面（図の左下）の形成や，腸管上皮細胞などが有する細胞から細長く伸びる部位の根元（図の中央下）の形成や，精子の鞭毛とつながる後端部（図の右下）形成にかかわっていることが知られています。

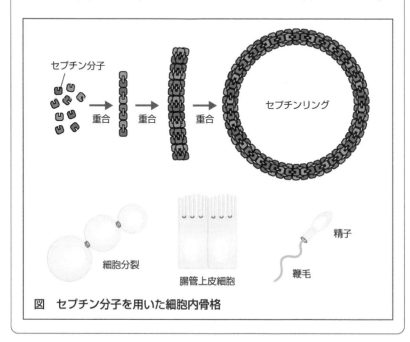

図　セプチン分子を用いた細胞内骨格

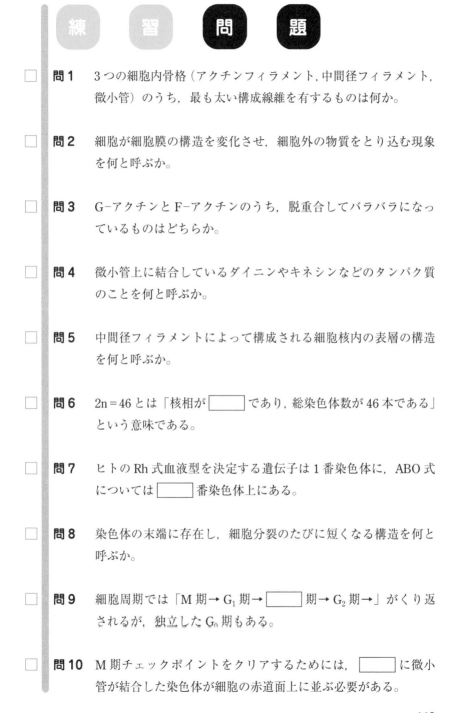

練 習 問 題

- **問 1** 3つの細胞内骨格（アクチンフィラメント，中間径フィラメント，微小管）のうち，最も太い構成線維を有するものは何か。

- **問 2** 細胞が細胞膜の構造を変化させ，細胞外の物質をとり込む現象を何と呼ぶか。

- **問 3** G-アクチンとF-アクチンのうち，脱重合してバラバラになっているものはどちらか。

- **問 4** 微小管上に結合しているダイニンやキネシンなどのタンパク質のことを何と呼ぶか。

- **問 5** 中間径フィラメントによって構成される細胞核内の表層の構造を何と呼ぶか。

- **問 6** 2n＝46とは「核相が _____ であり，総染色体数が46本である」という意味である。

- **問 7** ヒトのRh式血液型を決定する遺伝子は1番染色体に，ABO式については _____ 番染色体上にある。

- **問 8** 染色体の末端に存在し，細胞分裂のたびに短くなる構造を何と呼ぶか。

- **問 9** 細胞周期では「M期→$G_1$期→ _____ 期→$G_2$期→」がくり返されるが，独立した$G_0$期もある。

- **問 10** M期チェックポイントをクリアするためには， _____ に微小管が結合した染色体が細胞の赤道面上に並ぶ必要がある。

**問 11** M 期チェックポイントが判別する状態は分裂期（M 期）のうちの特に [    ] 期にあたる。

**問 12** 核膜が断片化しているが，染色体が赤道面上に集まっていない時期を [    ] 期と呼ぶ。

**問 13** 細胞周期はサイクリンとそれに結合する [    ] と呼ばれるタンパク質によって制御される。

**問 14** 細胞が分化する過程は，細胞周期における [    ] 期に相当する。

**問 15** 分化決定の過程には転写因子の [    ] のフィードバックループ的な制御系が必要不可欠である。

解　答

問 1　微小管
問 2　エンドサイトーシス
問 3　G-アクチン
問 4　モータータンパク質
問 5　核ラミナ
問 6　複相
問 7　9
問 8　テロメア
問 9　S
問 10　動原体
問 11　中
問 12　前中
問 13　Cdk
問 14　$G_0$
問 15　正

# Chapter 6
# 分子生物学的手法～基礎編

現在，分子生物学的研究にはさまざまな機器や試薬キットなどが存在し，そのとおりに実施すれば目的のデータが得られる時代です。しかし，その根本的な原理を知らなくては，新しい手法の開発には至りませんし，トラブルシューティングの際などにも困ります。本章で述べる内容は，分子生物学の黎明期を支えただけではなく，今でも利用されている手法ばかりです。DIYバイオという言葉がありますが，これは自宅を研究室のようにし，独自に趣味で分子生物学の実験をするというものです。DIYバイオを行う人は，まさに本章で述べるような実験系を自宅に持ち込んでいるといえるでしょう。つまり，お手軽な分子生物学的手法を本章では学ぶことになります。

# Stage 46 核酸やタンパク質の電気泳動

## 大きさごとに分子を分離する方法

　実験ベンチの上で行われる分子生物学的実験の代表例が電気泳動です。それゆえ，DNAとタンパク質を電気泳動によって検出する原理について把握しておく必要性があります。

　DNAはリン酸をもつ性質から，水溶液の中では負（マイナス）の電荷をもつ物質として存在しています。タンパク質もSDS（Sodium dodecyl sulfate）という薬品と混ぜ合わせれば，表面が一様に負の電荷を帯びます。電気泳動では，この負の電荷をもつ物質が陽極（プラス）に引きつけられる性質を利用します。大きさの違いによって泳動距離が異なる必要があるため，網目状の分子構造をもつアガロースやポリアクリルアミドなどの樹脂を用います。ジャングルジムの中を通過するためには，子どものほうが大人より小さい分有利です（図6.1）。これと同じ原理で，DNAやタンパク質の場合も小さな分子ほどゲルの中を速く通過できることになります。

　アガロースゲルとポリアクリルアミドゲルのどちらを用いたとしても，原理は同じです。まず，核酸やタンパク質が含まれる試料を，溶液中に拡散しないようにグリセロールなどの比重が重い液体とともに混ぜ合わせ，ゲルの試料を入れる穴に注入します。そして，電気泳動槽の電源をONにすれば，その分子の大きさに従って，陽極にめがけて泳動していきます（図6.2左）。なお，電気泳動には，ゲルだけではなく細い管（キャピラリー）に樹脂を充填させたものを用いる場合もあります（図6.2右）。

　アガロースゲルを用いて電気泳動をする場合は5〜10

図6.1　小さな分子ほど電気泳動が速い理由

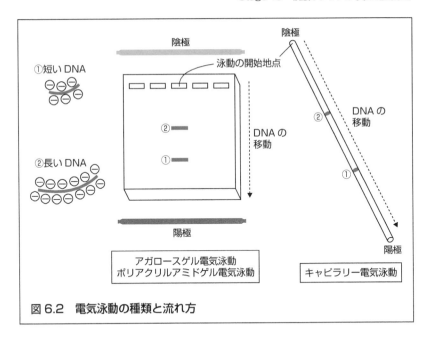

図 6.2　電気泳動の種類と流れ方

塩基対程度の差はほとんど見分けがつきません。しかし，より細やかな網目構造をもつポリアクリルアミドゲルであれば1塩基対の差でも見分けることができます。タンパク質の泳動にはポリアクリルアミドゲルが用いられます。タンパク質に電荷を帯びさせるためにSDSを混ぜることから，この電気泳動のことを特に S D S-PAGE と呼びます。PAGE は polyacrylamide gel electrophoresis の略です。電気泳動は大きさも影響しますが，分子の立体構造も影響します。そこで，タンパク質の泳動の際にはメルカプトエタノールやDTTという還元剤を混ぜることによって分子内のジスルフィド結合を切断したうえで泳動することが多いです。同じく，特殊な立体構造を形成している核酸（RNAなど）の場合にはゲルにホルマリンを混ぜることもあります。

**POINT** 46

◆ 電気泳動は分子が有する負の電荷を利用する。
◆ 泳動用ゲルの樹脂の隙間を通過するうえで，大きな物質ほど通過するのに時間がかかるため，移動に時間がかかる。
◆ ポリアクリルアミドゲルはアガロースゲルより分解度が高い。

## 制限酵素

### 配列を認識して切断する酵素

　原核生物には天敵となるウイルスに対して特定の塩基配列でウイルスの DNA を切断する酵素が備わっています。これが制限酵素です。本項では，分子生物学的手法として頻用される制限酵素である EcoRI，XhoI，KpnI，ScaI を例に説明します（カタカナで振られたルビは日本の研究所などでよく用いられる発音であり，英語読みではありません）。これらの名称は由来する生物に依存することがほとんどであり，たとえば，EcoRI は大腸菌（種名：*Escherichia coli*）に由来しています。

　EcoRI は GAATTC という配列があると（先頭が 5' 側），その配列を切断します（図 6.3 左上）。同じく XhoI は CTCGAG，KpnI は GGTACC，ScaI は AGTACT で切断します（図 6.3）。これらの配列を制限酵素の認識配列と呼びます。このとき，EcoRI や XhoI で切断したときには 5' 末端が飛び出た形で切断され，KpnI の場合は 3' 末端が飛び出た形で切断される

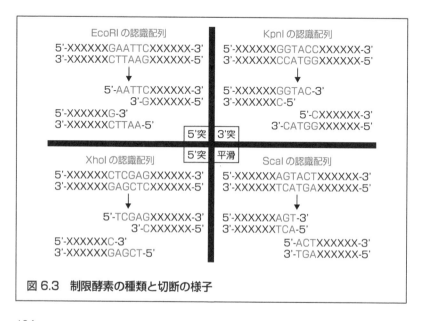

図 6.3　制限酵素の種類と切断の様子

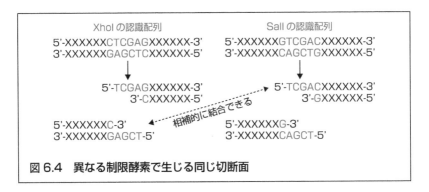

XhoI の認識配列      SalI の認識配列

5'-XXXXXXCTCGAGXXXXXX-3'    5'-XXXXXXGTCGACXXXXXX-3'
3'-XXXXXXGAGCTCXXXXXX-5'    3'-XXXXXXCAGCTGXXXXXX-5'

5'-TCGAGXXXXXX-3'     5'-TCGACXXXXXX-3'
3'-CXXXXXX-5'      3'-GXXXXXX-5'

相補的に結合できる

5'-XXXXXXC-3'      5'-XXXXXXG-3'
3'-XXXXXXGAGCT-5'     3'-XXXXXXCAGCT-5'

**図 6.4　異なる制限酵素で生じる同じ切断面**

のがわかるでしょうか。これを突出末端と呼びます。一方，ScaI の場合
は切断が認識配列の中央で行われ，5' も 3' も飛び出るような形にはなり
ません（図 6.3 右下）。これを平滑末端と呼びます。

　同じ突出末端をつくる制限酵素で切断した DNA 断片の断面どうしは，
相補的に結合するため，DNA リガーゼという連結酵素を加えた際に簡単
に接続できるという利点があります。図 6.4 に示すように SalI という制限
酵素が認識する配列は XhoI とは異なりますが，切断の結果生じる突出部
位はまったく同じ形になります。それゆえ，XhoI 断片と SalI 断片は非常
に接続しやすいことになります。また ScaI などによって平滑末端となっ
た場合も相補的に結合できる突出末端と比較すると効率は大幅に下がりま
すが，DNA リガーゼによって平滑末端どうしを結合させることができま
す。

　このように，制限酵素の種類によって，切断される配列が異なるだけで
はなく，切断された結果生じる断片の形状も，5' 突出末端，3' 突出末端，
平滑末端といったように，異なることになるわけです。

**POINT** 47

◆ 制限酵素とは DNA の特定の塩基配列だけを認識し，そこで DNA
を切断する酵素である。
◆ 制限酵素によって生じた DNA の切断面は，5' 突出末端，3' 突出
末端，平滑末端のいずれかを生じる。
◆ 切断した制限酵素が異なっていても，同じ突出末端が生じる場合，
DNA リガーゼを用いて結合させることができる。

# Stage 48 プラスミド

## 分子生物学の重要なツールである環状 DNA

　大腸菌などの原核生物は本体の DNA とは別に環状 DNA をもちます。これをプラスミドと呼びます。これをもつことによって，細胞内に付加的な情報をもつことができます。たとえば，アンピシリン（Ampicillin）という抗生物質を分解する遺伝子などがプラスミドの中に存在すると，そのプラスミドをもつ大腸菌はアンピシリンが存在す

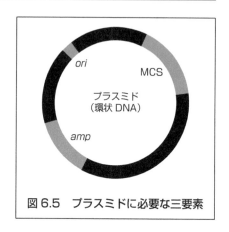

図 6.5　プラスミドに必要な三要素

る環境下でも生き残ることができるようになります。研究で用いられるプラスミドには特徴的な 3 つの要素があります。①複製開始起点（図 6.5 の *ori*）が存在すること。②特定の抗生物質に耐性をもつようになる遺伝子（図 6.5 の *amp*）を含むこと。そして，③マルチクローニングサイト（図 6.5 の MCS）をもつことです。

　1 つ目の複製開始基点は複製フォークが形成されるために必要不可欠な一定の配列となります。この配列がなければプラスミドはたとえ大腸菌の細胞質中に存在したとしても増えていくことはできません。

　2 つ目は特定の抗生物質に耐性となる遺伝子をコードした領域です。抗生物質であるアンピシリンを分解できる遺伝子（つまりアンピシリン耐性遺伝子（*amp*））の配列として，約 900 塩基対程度の長さとなる配列がプラスミド上に存在することがよくあります。この場合，普通の大腸菌がアンピシリンによって死滅するなか，このプラスミドを細胞質に有する大腸菌はアンピシリンを分解することができるため，生き残ります。

　3 つ目のマルチクローニングサイトにはさまざまな制限酵素で切断でき

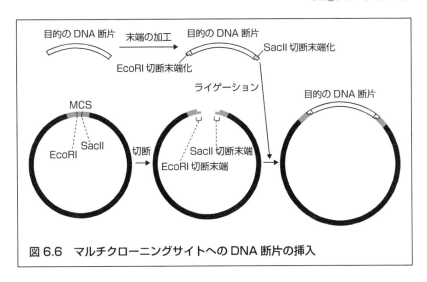

図 6.6　マルチクローニングサイトへの DNA 断片の挿入

る配列が意図的に並べられています。たとえば，有名なプラスミドのひと
つである pBluescript のマルチクローニングサイトは KpnI からはじまり，
終わりの SacI までの約 100 塩基対の中に ApaI，XhoI，SalI，ClaI，HindIII，
EcoRV，EcoRI，PstI，XmaI，SmaI，BamHI，SpeI，XbaI，NotI，EagI，
SacII などの制限酵素領域がひしめいています。プラスミドと目的の DNA
断片が同じ突出末端をつくる状態になれば，DNA リガーゼで挿入（ライ
ゲーション）することができます（図 6.6）。「いろいろなスタイルでク
ローニングできる部分」という意味から「マルチクローニングサイト」と
呼んでいるわけです。

## POINT 48

◆ プラスミドとは原核生物の細胞質中にゲノム DNA とは独立して存
在する環状 DNA のことである。

◆ 分子生物学のツールとして用いられるプラスミドには，複製開始起
点（ori），抗生物質耐性遺伝子（amp など），マルチクローニング
サイトの 3 点セットが求められる。

◆ マルチクローニングサイトに目的の遺伝子を人為的に挿入させるこ
とによって，目的の遺伝子を含むプラスミドを大腸菌の増殖系を利
用して増やすことができる。

# Stage 49 塩基配列の解読法 〜サンガー法

**ddNTP を用いればさまざまな大きさの DNA 断片が生じる**

　DNA の塩基配列を解読するうえで最も頻用されてきたサンガー法を説明します。まず，ddNTP（dideoxyribonucleoside triphosphate：ジデオキシヌクレオシド三リン酸）の性質について把握しておく必要があります。DNA 合成の材料となる dNTP の 3' 部位の水酸基（−OH）も水素原子（−H）に置き換えられたものが ddNTP になります（図 6.7 右）。これが材料として用いられると，その次に結合するはずであった dNTP は結合できなくなるため，合成反応が止まります。

　あとは単純な確率の話になります。DNA が合成する際，新たなヌクレオチドが結合できる場所は「鋳型鎖に結合した合成鎖の 3' 末端」です（Stage 28（p.66）参照）。これは図 6.8 に★で示したところです。サンガー法では，DNA 合成の材料として dNTP に加えて，ddNTP をごく少量だけ混ぜて用います。すると，圧倒的多数である dNTP が材料に選ばれるので合成がどんどん行われますが，一定の確率で ddNTP が選ばれる場合があります。その時点で合成が終了してしまうことになります。

　この合成されたさまざまな長さの DNA 鎖が混ざった溶液を電気泳動すればよいわけです。DNA 鎖をキャピラリーを用いて電気泳動すれば，図 6.9 の上に示したような状態になります。キャピラリーの陽極側には小さ

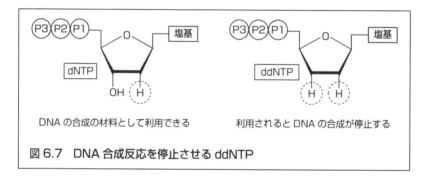

**図 6.7　DNA 合成反応を停止させる ddNTP**

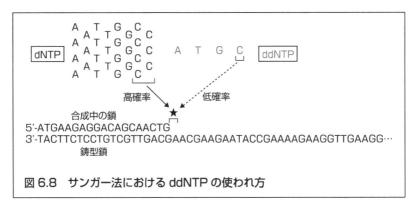

図6.8　サンガー法における ddNTP の使われ方

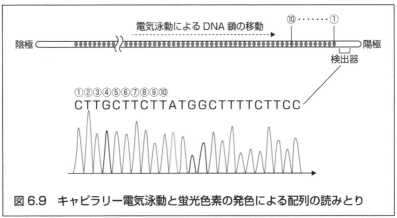

図6.9　キャピラリー電気泳動と蛍光色素の発色による配列の読みとり

な窓があり，そこに検出器があります。ddATP，ddCTP，ddGTP，ddTTP はそれぞれ異なる色に光る化学修飾がなされているので，検出器は窓に到達した DNA の鎖がどの ddNTP で合成が終了したか判別してくれます。その結果，図6.9 の下に示したような形で塩基配列のデータを得ることが可能になるわけです。

**POINT** 49

◆ ddNTP は dNTP のデオキシリボースの 3' の位置の水酸基（−OH）が水素原子（−H）に置き換えられたものである。
◆ ddNTP が DNA 合成に用いられると，そこで DNA 合成は停止する。
◆ 大量の dNTP と少量の ddNTP が混ざった状態で DNA 合成を行えば，塩基配列に依存した長さの DNA 断片を作成できる。

# Stage 50 ポリメラーゼ連鎖反応（PCR）の第一段階

## DNA 増幅に必要な役者たち

2020 年のコロナ禍において多くの方が耳にしたであろう PCR（polymerase chain reaction：ポリメラーゼ連鎖反応）という単語。これは DNA 上に存在する特定の領域だけを大量に増幅する技術です。本項から Stage 52 にわたって，どのようにして，特定の領域だけを選択的に，かつ大量に試験管内で合成する反応が成立するのかについて，段階的に説明していきます。

まず役者を紹介します。PCR には DNA 合成の材料となる dNTP は当然として，それ以外に鋳型となる DNA，DNA ポリメラーゼ，プライマーの 3 つが重要です。DNA ポリメラーゼについては，高温でも失活しない特殊な酵素が用いられます。最も一般的なものは好熱菌（種名 *Thermus aquaticus*）から得られた DNA ポリメラーゼであり，その種名より Taq ポリメラーゼと呼ばれています。プライマーは，増やしたい配列の端に相補的に結合する 18 ～ 30 塩基程度の短い一本鎖の DNA です（詳しくは章末のコラム（p.137）参照）。

説明のための前提条件を述べます。PCR のしくみを理解するためには，DNA の 5' 末端を意識することがコツです。それゆえ，Stage 50 ～ 52 に登場する図には 5' 末端にあたる領域に○を記入しました。5' 末端に着目する理由は，一度登場した 5' 末端は永遠と残り続けていくからです。○の中の数字は登場する順番です。以上を把握していただければ，あとは少し頭を働かせて順番にパズルを考えるようなものです。

PCR の第一段階を説明します。まず，高温（92 ～ 99℃）にすることによって，DNA の互いの鎖の間に存在する水素結合が切れて，二重らせん構造がほどけます（図 6.10 の高温の矢印）。続けて低温（50 ～ 60℃）に冷やします。ここで③を 5' 末端にもつプライマーと④を 5' 末端にもつプライマーが鋳型鎖に結合します（図 6.10 の低温の矢印）。結合したプライマーの 3' 側は「鋳型鎖に結合した合成鎖の 3' 末端」となり，DNA ポリメ

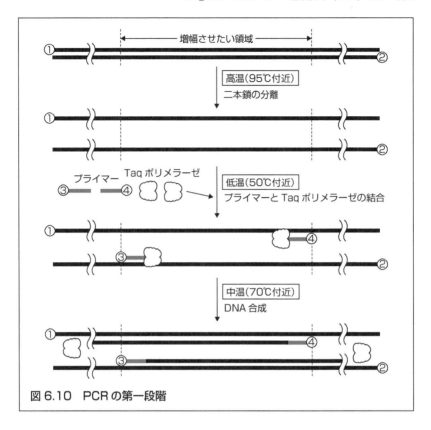

図6.10　PCR の第一段階

ラーゼが結合できます。そして中温（72℃前後）になると Taq ポリメラーゼは次々と dNTP をその 3' 末端側に付加していき，一本鎖であった領域が二本鎖化されていきます。以上が第一段階です。

　ここまでは，単なる DNA 合成系を理解したにすぎませんが，プライマーが 2 つ存在することによって，第二段階からは PCR ならではのストーリーがはじまります。

**POINT** 50

◆ PCR には DNA の材料となる dNTP のほかに，鋳型となる DNA，DNA ポリメラーゼ，プライマーの 3 つが必要な役者となる。
◆ Taq ポリメラーゼは高温耐性を有する DNA 合成酵素である。
◆ PCR では，プライマーの 3' 末端に DNA ポリメラーゼが結合することによって DNA 合成がはじまる。

# Stage 51

## PCR の第二段階・第三段階

### 目的の DNA 断片が生じるタイミング

　本項では図とにらめっこしてください。PCR の第一段階（Stage 50）と，その続きとなる第二段階（図 6.11）の開始時点での違いは，鋳型となる DNA 鎖の種類が異なることだけです。図において○の中に奇数番号もしくは偶数番号が入ったプライマーどうしはすべて同じものです。それゆえ，⑥と⑦を 5′ 末端にもつプライマーによって合成される反応は第一段

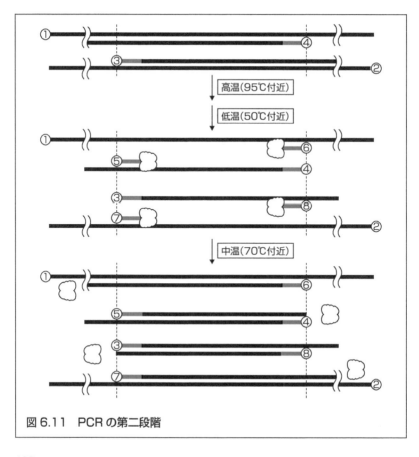

図 6.11　PCR の第二段階

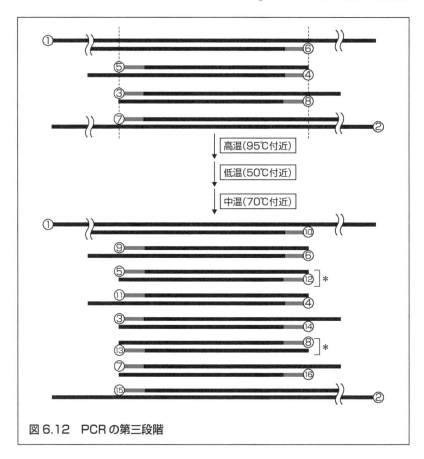

図 6.12　PCR の第三段階

階とまったく同じものになります。一方，⑤と⑧を 5' 末端にもつプライマーによって合成される反応は第一段階には用いられていない鋳型鎖が使われるため，短いものになります。ただし，第二段階が終わった時点でも，目的の領域のみからなる DNA 鎖は登場しません。

　しかし，第三段階（図 6.12）では⑫と⑬を 5' 末端にもつプライマーによる反応の結果，目的の新たな鎖（図 6.12 の＊）が表れます。

**POINT** 51

◆ PCR の反応様式は段階ごとに違いはない。
◆ 第二段階終了時点では目的のサイズの DNA 断片は含まれない。
◆ 第三段階終了時点で目的のサイズの DNA が現れる。

## Stage 52 PCR の第四段階以降

### 指数関数的に増えていく目的の DNA 断片

　PCR に含まれる化学反応の基本原理は，Stage 50 と 51 において説明したとおりです。本項では，この反応が数サイクル，数十サイクルくり返されると，合成される DNA 断片がどのような状況になるのかを理解するための項になります。PCR において試験管に含まれる可能性のある断片は，サイズ別に 4 種類あります（図 6.13 の元，大，中，＊）。結論を先に述べると，このうち，＊で示す DNA 断片が指数関数的に増えていくことになります。

　ポリメラーゼ連鎖反応というように，この高温・低温・中温の温度の変化を加えるごとに，プライマーで挟まれた領域の DNA 断片が増えていくことになります。さすがに第四段階以降の反応の様子を図で示すと，描ききれない大きさとなるので割愛し，Stage 51 の内容に従って，反応サイクルを増やした場合を説明します。その結果，「大」「中」「＊」と示した鎖の数は表 6.1 に示したとおり，4 回目のサイクルが終わった時点において，大が 2 本，中が 6 本，＊が 8 本になります。同じく，この反応が 8 回行われると，256 本の DNA 鎖のうち，＊は 240 本になります。通常，PCR は20 〜 35 回程度，反応をくり返すことが多いのですが，たとえば 30 回行っ

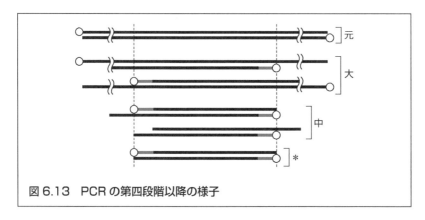

**図 6.13　PCR の第四段階以降の様子**

表 6.1　PCR のサイクル数の増加と DNA 断片の量

| 回数 | 総数 | 元 | 大 | 中 | ＊ |
|---|---|---|---|---|---|
| 0 | 1 | 1 | 0 | 0 | 0 |
| 1 | 2 | 0 | 2 | 0 | 0 |
| 2 | 4 | 0 | 2 | 2 | 0 |
| 3 | 8 | 0 | 2 | 4 | 2 |
| 4 | 16 | 0 | 2 | 6 | 8 |
| 5 | 32 | 0 | 2 | 8 | 22 |
| 6 | 64 | 0 | 2 | 10 | 52 |
| 7 | 128 | 0 | 2 | 12 | 114 |
| 8 | 256 | 0 | 2 | 14 | 240 |
| ⋮ | ⋮ | ⋮ | ⋮ | ⋮ | ⋮ |
| 30 | $2^{30}$ | 0 | 2 | 58 | $2^{30}-60$ |
| ⋮ | ⋮ | ⋮ | ⋮ | ⋮ | ⋮ |
| n | $2^{n}$ | 0 | 2 | $2(n-1)$ | $2^{n}-2n$ |

た場合には，2 の 30 乗（1,073,741,824）から 60 を引いた数，つまり 10 億本を超えます。全体の DNA 鎖に占める目的の鎖である＊の割合は，実に99.99999％を上回るので，もはや大や中の鎖の存在を無視してもよいレベルに至ります。

　もちろん実際にはこのとおりに反応は進みません。酵素は反応ごとに活性が下がっていきますし，試験管内に存在する dNTP やプライマーの量も，どこかで枯渇してしまいます。このような背景から，PCR の反応は，経験的に見出された，目的とする質や量が満たされる程度のサイクル数において実施されることになります。

**POINT** 52

◆ PCR の第四段階から，段階が増えるにつれて指数関数的に目的のサイズの DNA が増加していく。
◆ PCR のどの段階が終了した時点でも，最初に含まれていた鋳型DNA を元に合成された DNA の数（大断片とする）は同じである。
◆ n 段階目の反応が終わった時点における大断片と目的の断片の比は2：$2^{n}-2n$，つまり 1：$2^{n-1}-n$ となる。

## column

# 「最も風変わりなバイオ研究者キャリー・マリス博士」

　PCR は 1983 年に米国の生化学者キャリー・マリス博士（1944〜2019）によって開発されました。彼はこの発明により，1993 年にノーベル化学賞を受賞しています。科学者には変わり者が多いといわれますが，彼ほど異端といえる人はいないかもしれません。

　23 歳のとき，彼は世界最高峰の雑誌である Nature に「宇宙の創生」に関するでっちあげの論文を投稿し，あろうことか掲載されてしまいました。それが原因ではなかったと信じたいところですが，PCR を開発した際に Nature に投稿した論文は門前払いされてしまいました。そのほかにも彼の自由奔放な生き方については調べてみるとさまざまな逸話が出てきます。是非，自身で調べてみてください。

　彼の生き方には賛否両論ありますが，少なくとも多くのファンを生み出したことは間違いありません。Web サイトで「The PCR song」と検索すると，ある企業 B が作成した素敵な曲の動画を見つけることができます。『We are the world』をパロディ化したものと思われます。歌詞は PCR の特徴をとらえていて，曲中でマリス博士の名前が登場します。一見の価値アリです。PCR という技術は，マリス氏の手を離れて，ポリメラーゼの改良，プライマーへの工夫を加えることによって，次の Chapter 7 に述べるように，さまざまな発展を遂げていくことになります。

# 「プライマー(Primer)の善し悪し」

　核酸合成のためのポリメラーゼに着地点を提供するのがプライマーです。語源は primary（最初の）です。語尾の mer は，ヌクレオチド鎖などの重合を行う際の基質の最後に mer とつけて呼ぶ（たとえば単量体 monomer など）ところに由来します。つまり，最初の位置にある複数のヌクレオチド鎖という意味合いを，たった6文字のアルファベットで醸し出しているのだから，すばらしいセンスを感じます。

　プライマーはネット注文ができ，20塩基のプライマーは 600 ～ 1,000 円が相場です。プライマーの配列は研究者自身で決めることがほとんどですが，その際には表に示したような条件に気をつけてデザインする必要があります。もちろん，候補を選択してくれるアプリもありますが，最後の段階では人が「えいやっ！」と選ばざるをえないことも多々あります。悩ましいことに，アプリが理想的と示す配列なのに，いまいち増幅されなかったり，その逆の場合もあります。どのようなプライマーを用いるのかも，最後は人のセンスが問われるわけです。

このプライマーなら増える気がする

---

**表　プライマーをデザインするうえで気をつけること**
- GとCが含まれる合計の割合を 50% 前後にすること
- 同一のプライマーの中で3塩基以上の相補的な結合が生じないようにすること*
- ペアとなるプライマーとの間で3塩基以上の相補的な結合が生じないようにすること*
- できれば 3' 末端はGもしくはCとすること
- 3' 末端はTにならないようにすること
- 鋳型 DNA の中によく似た配列が含まれないようにすること
- ピリミジン(T/C) が長く連続しないようにすること
- プリン(A/G) が長く連続しないようにすること
  ＊3' 末端については2塩基以上

**column** ｜ 「世界を震撼させたコロナ ウイルスと PCR 検査」

　2020 年はコロナウイルスの一種 SARS-CoV-2 が原因となる感染症 COVID-19 が世界中に甚大なる被害を与える年になりました。PCR という単語も，もはや日本国民の誰もが知る単語となりました。

　図に SARS-CoV-2 の構造を示します。PCR の対象は一本鎖 RNA になります。このなかに COVID-19 の特異的な配列が含まれるわけですが，それらの領域を対象にプライマーを設計し，PCR を行い，DNA 断片が増幅されたとすれば，PCR 検査において「陽性」と判断されるわけです。ただし，RNA はそのまま PCR の対象にすることができず，一度，逆転写反応をして DNA 化したうえで用いる必要があります。このような PCR を RT-PCR と呼びます（Stage 55（p.146）参照）。RNA の安定性の低さや，逆転写が必要となる点が加わることが，普通に PCR を行う場合と比べて技術的に少し難しくさせています。

　SARS-CoV-2 にはヒトの細胞に感染する際に用いられるスパイクタンパク質や，RNA に結合する N タンパク質のほかにもいくつかのタンパク質が存在します。これらに対する抗体検査の開発や，これらを標的にした特効薬の開発などが急がれています。

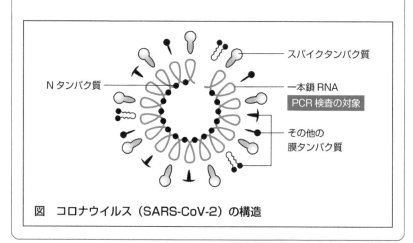

図　コロナウイルス（SARS-CoV-2）の構造

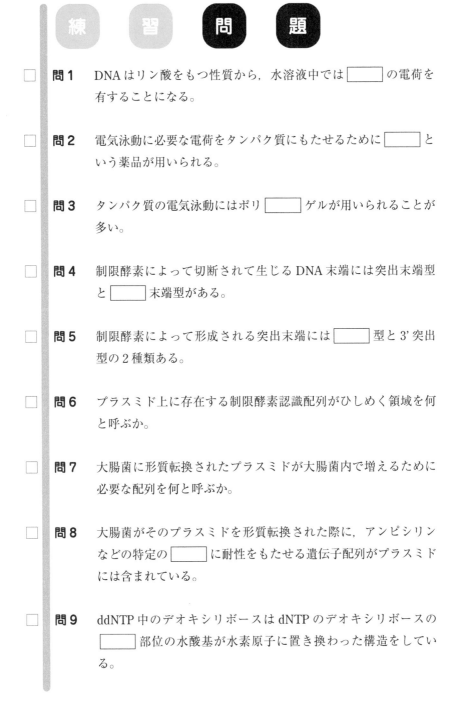

練 習 問 題

☐ **問 1** DNA はリン酸をもつ性質から，水溶液中では □□□□ の電荷を有することになる。

☐ **問 2** 電気泳動に必要な電荷をタンパク質にもたせるために □□□□ という薬品が用いられる。

☐ **問 3** タンパク質の電気泳動にはポリ □□□□ ゲルが用いられることが多い。

☐ **問 4** 制限酵素によって切断されて生じる DNA 末端には突出末端型と □□□□ 末端型がある。

☐ **問 5** 制限酵素によって形成される突出末端には □□□□ 型と 3' 突出型の 2 種類ある。

☐ **問 6** プラスミド上に存在する制限酵素認識配列がひしめく領域を何と呼ぶか。

☐ **問 7** 大腸菌に形質転換されたプラスミドが大腸菌内で増えるために必要な配列を何と呼ぶか。

☐ **問 8** 大腸菌がそのプラスミドを形質転換された際に，アンピシリンなどの特定の □□□□ に耐性をもたせる遺伝子配列がプラスミドには含まれている。

☐ **問 9** ddNTP 中のデオキシリボースは dNTP のデオキシリボースの □□□□ 部位の水酸基が水素原子に置き換わった構造をしている。

139

問10 サンガー法は ddNTP が利用されると DNA の合成反応が [____] することを利用して塩基配列を読む手法である。

問11 サンガー法は現在も DNA の塩基配列を読むうえで用いられているが，その電気泳動にはゲルではなく [____] が用いられることがほとんどである。

問12 PCR には，DNA の合成の材料となる dNTP のほかに，鋳型となる DNA，DNA ポリメラーゼ，そして短い一本鎖 DNA である [____] が必要となる。

問13 PCR に用いる DNA ポリメラーゼは高温で失活しない必要があり，そのなかでも最も一般的なものとして [____] が用いられることが多い。

問14 PCR は試験管内に必要な試料や薬品を入れれば，あとは [____] を変化させるだけで進む。

問15 PCR サイクルが増えると，酵素活性の低下，dNTP の枯渇，[____] の枯渇により増幅反応が鈍る。

---

解　答

問1　負
問2　SDS（ドデシル硫酸ナトリウム）
問3　アクリルアミド
問4　平滑
問5　5'
問6　マルチクローニングサイト
問7　複製開始起点
問8　抗生物質
問9　3'
問10　停止
問11　キャピラリー
問12　プライマー
問13　Taq ポリメラーゼ
問14　温度
問15　プライマー

# Chapter 7
# 分子生物学的手法
# 〜20 世紀後半編

人類とは，あの手この手と工夫して，技術を改良していくことに長けた生物種ですが，PCR ひとつ例に挙げてみても，そのすごさを垣間見ることができます。20 世紀の後半は，セントラルドグマのそれぞれの対象に対して，それを解析する手法を大きく発展させた時代でした。前章からの発展をご堪能ください。

# Stage 53 PCRの応用1 〜TAクローニングと配列付加

## プライマーに一工夫すれば配列を追加できる

PCR技術のすごいところは，その応用の仕方にあります。

第一はTAクローニングです。TAとは略語ではなく，DNAの塩基のT（チミン）とA（アデニン）のことです。不思議なことに，TaqポリメラーゼなどのDNAポリメラーゼは，合成反応が端まで到達した後に非常に高い確率でAを3'末端に追加する特徴があります（図7.1）。この特性を利用したものがTベクターと呼ばれるDNA断片です（図7.1右）。これは，3'末端にTが付加されている切断プラスミドです。このTベクターというDNA断片は，3'末端にAが飛び出している特徴をもつPCR断片を放り込むために非常に適しているのです。このPCR断片が有するAとTベクターがもつTを相補的に結合させることによって，目的の断片を含むプラスミドにすることをTAクローニングと呼びます。

第二は制限酵素領域の付加です。PCR反応を応用することによって，制限酵素で切断される対象となる配列を足すことができるのです。工夫されている点はプライマーの5'末端側に制限酵素認識配列が追加された点です（図7.2の③と④を末端にもつプライマー）。このプライマーが結合した場合には，図7.2に★で示した位置に「鋳型鎖に結合した合成鎖の3'

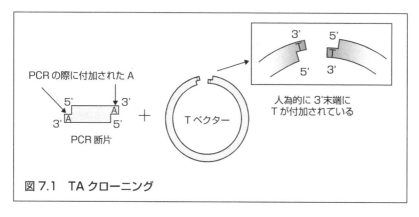

図7.1 TAクローニング

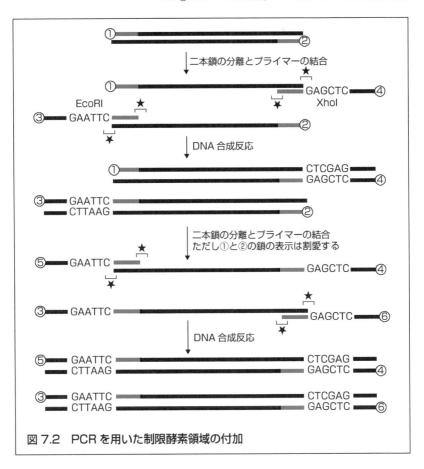

図 7.2　PCR を用いた制限酵素領域の付加

末端」が生じます。それゆえ，PCR 反応を進めていけば，元の DNA 断片には存在しなかった制限酵素領域が両側に追加された DNA 断片が誕生することになります。

◆ Taq ポリメラーゼなどの DNA ポリメラーゼを PCR に利用したときには，PCR 断片の末端は 3' 末端に A が付加される。

◆ プラスミドを切断し，その 3' 末端に人為的に T を付加した状態になったものを T ベクターと呼ぶ。

◆ プライマーの 5' 末端側に人為的に新たな配列を追加すれば，PCR で合成された DNA 断片にはその配列が付加された状態になる。

# Stage 54 PCR の応用 2 〜インバース PCR

## プラスミドを丸ごと増幅

　環状の DNA であるプラスミドを対象にして PCR をすることをインバース PCR と呼びます。図 7.3 にはインバース PCR の様子を示しました。プラスミドに対して，赤で示した領域と同じ配列をプライマーとして用いて PCR を行い，最終的に図の左下に示したとおり，2 つのプライマーどうしの間を結合してやれば，元のプラスミドと同じものができます。PCR 反応の途中に何らかの変異が入らない限り，この PCR 断片を結合させたものは，大元となる鋳型のプラスミドと同じ配列を有することになります。

　目的の DNA 配列に人為的に変異を入れたい際にインバース PCR は役

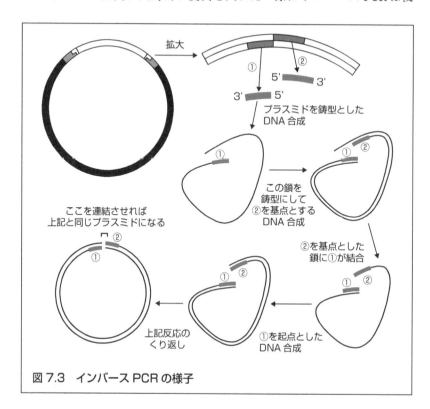

図 7.3　インバース PCR の様子

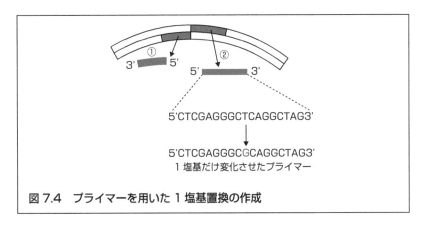

5'CTCGAGGGCTCAGGCTAG3'

5'CTCGAGGGCGCAGGCTAG3'
1塩基だけ変化させたプライマー

**図7.4　プライマーを用いた1塩基置換の作成**

立ちます。インバースPCRを行うためのプライマー領域として，変異をつくりたいところを選び（図7.4の②），プライマーの配列を変化させた状態で作成するわけです。確かに1塩基の変化が生じたプライマーは本来の配列を有するプライマーよりも鋳型鎖に結合する能力は下がります。しかし，親和性が若干下がるものの，強引に合成が行われる場合があります。一度でも合成が成立してしまえばしめたものです。あとは，変異の入ったDNA鎖が鋳型として利用されていくことになりますから，何の障壁もなくDNA合成が行われていくことになります。そしてインバースPCRを行ったうえで連結させたものは，目的の遺伝子に変異が入ったものになるわけです。

　補足となりますが，インバースPCRのPCR産物の両端は平滑末端である必要性があります。それゆえ，TaqポリメラーゼのようにAが付加されるものはふさわしくなく（Stage 53），付加されないDNA合成ができるDNAポリメラーゼが用いられます。

**POINT** 54

◆ プラスミド全体をPCRによって増やすことも可能であり，それをインバースPCRと呼ぶ。
◆ インバースPCRの増幅させた断片の端をつなげばプラスミドに戻る。
◆ インバースPCRを一部の配列を変化させたプライマーを用いて行うことによって，目的の遺伝子に突然変異を加えることができる。

# Stage 55 RT-PCR

## RNA も逆転写すれば増幅対象に

　細胞によって発現している mRNA は異なりますので，もし RNA を鋳型として PCR を行うことができれば，その細胞の種類や働きなどを知るうえで非常に役立ちます。しかし，残念ながら PCR の対象は DNA のみです。RNA を対象にして PCR をするためには，一工夫加える必要性があります。それを実現した手法が RT-PCR となります。RT-PCR の RT とは逆転写（reverse transcription）の略です。つまり，RT-PCR とは逆転写をしたうえで PCR を行うという意味です。

　逆転写反応を行う生物は，今のところ報告されていません。逆転写酵素をもつのは，コロナウイルスやエイズウイルス（HIV）などに代表される RNA を遺伝子の本体に用いるウイルスたちです。彼らが有する逆転写酵素を試薬として用いて，逆転写を促すわけです。ただし，mRNA を鋳型にして DNA を合成するときも「鋳型鎖に結合した合成鎖の 3' 末端」という位置が必要不可欠となります。これを提供するために，人工的に合成したチミン（T）が連続したプライマーを用います（図 7.5）。このプライマーをオリゴ dT プライマーと呼びます。Stage 33（p.80）で学んだとおり，mRNA の 3' 末端側にはポリ A 構造が付加されています。これに対してオリゴ dT プライマーは相補的に結合するため，「鋳型鎖に結合した合成鎖の 3' 末端」ができることになります（図の★）。ここに逆転写酵素が結合して，逆転写が行われます。逆転写によって生じた DNA は，RNA に対して相補的（complementary）であることから，cDNA（complementary DNA：相補的 DNA）と呼ばれます。cDNA 化されて，ようやく PCR の対象とすることが可能になります。

　なお，逆転写を行う際にはオリゴ dT プライマー以外にも 6 塩基程度のランダムな配列によるプライマーを用いる場合があります（ランダムプライマー）。オリゴ dT プライマーは長い mRNA を対象にしたときには先頭側（5' 末端側）に近い配列を PCR の対象にすることが難しい場合があり

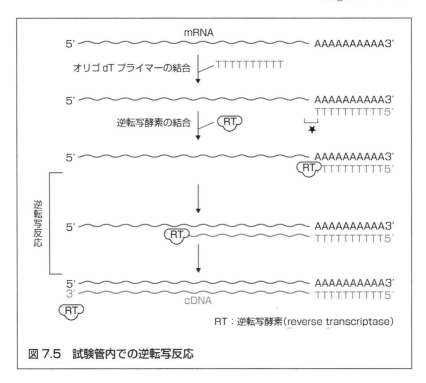

図7.5　試験管内での逆転写反応

ます。ランダムプライマーは配列の特異性がほとんどないため，そのような問題は生じません。逆にrRNAなどにも結合してしまいますので，PCRをした際に関係のない鋳型のcDNAを増加させてしまうという弱点があります。研究者は目的に応じて，逆転写のプライマーを使い分けることになります。

## POINT 55

◆ PCRはRNAを対象にすることはできない。
◆ RNAは逆転写してcDNA化すればPCRの対象となり，これをRT-PCRと呼ぶ。
◆ 逆転写にはオリゴdTプライマーもしくはランダムプライマーが用いられる。

# Stage 56

# リアルタイム PCR (qPCR)

## 増幅量を正確につかむ方法

　電気泳動を用いて，PCR の結果を判断するうえでの弱点は定量性に関しての信頼度が低い点です。最初，PCR のコピー数は指数関数的に増えていきます。しかし，試験管内の反応なので，いつか限界のコピー数に達します。そのため，PCR の反応生成物の量は図 7.6 のグラフのようになります。このグラフは模式的なものですが，最大コピー数を 100 とした場合，30 サイクルの時点ではほぼ 100 に至りますが，27 サイクルでも 99 に達しています。24 サイクルでも 95 あります。検出する対象の遺伝子が「あるかないか」という状況であれば問題はありませんが，「どれくらいあるか」という状況には適していません。

　この弱点を解決するために開発されたのがリアルタイム PCR です。定量性（quantitative）のある PCR ということから qPCR とも呼ばれています。定量性を得るためには，図 7.6 のグラフに示したシグモイド曲線を描

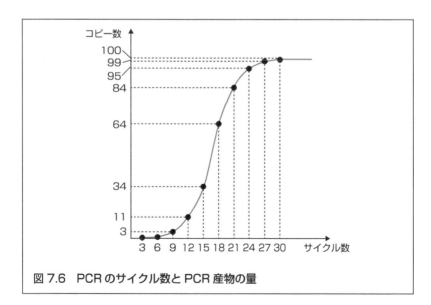

図 7.6　PCR のサイクル数と PCR 産物の量

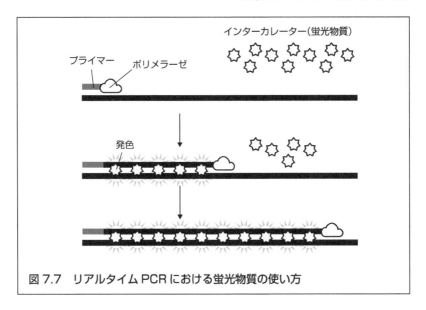

インターカレーター（蛍光物質）

プライマー　ポリメラーゼ

発色

図 7.7　リアルタイム PCR における蛍光物質の使い方

ければよいわけです。そこで，よく用いられるインターカレーション法について説明します。なお，インタカレーションとは分子の隙間に他の原子などを進入させるという意味です。普通の PCR に対して新たに加わる役者は，インターカレーターと呼ばれる蛍光物質です（図 7.7）。インターカレーターは，DNA の合成の際に，二本鎖の隙間にもぐりこむと強く発色する性質を有した蛍光物質です。PCR 産物の量に比例して発色量は増えることになります。つまり，試験管内の発色量を測定すればシグモイド曲線が描けることになり，定量性の問題が解決するわけです。

## POINT 56

◆ 一般的な PCR の弱点として，定量性が低いことが挙げられる。
◆ 定量性を有する PCR として開発されたものがリアルタイム PCR もしくは qPCR である。
◆ qPCR では合成された DNA 断片が有する蛍光の発色量を測定することによって，合成量のシグモイド曲線が描かれる。

# Stage 57 *in situ* ハイブリダイゼーション

## 遺伝子が使われている場所を知る方法

　目的の遺伝子が実際の生体内で発現している「本来の場所（ラテン語：*in situ*）」を視覚化することを可能にしたのが *in situ* ハイブリダイゼーションです。この技術を用いると，たとえばマウス胚において遺伝子 A，遺伝子 B，遺伝子 C がどの領域で mRNA として発現しているかを知ることができます（図 7.8）。

　この手法を行うためには，目的の遺伝子の mRNA に対して相補的に結合する RNA を人為的に作成する必要性があります。これをプローブと呼び，通常 1,000 塩基程度の長さの一本鎖 RNA となります。この人工 RNA にはしかけが入っています。人工 RNA を作成する際に用いる基質である UTP（ウラシル塩基を含む NTP のひとつ）にディゴキシゲニン（Dig）

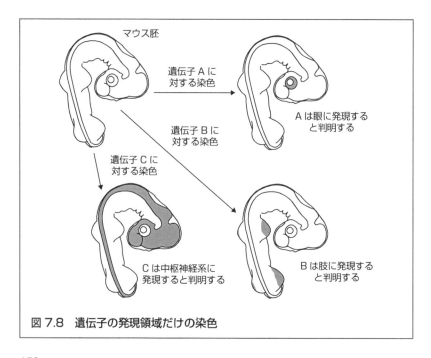

図 7.8　遺伝子の発現領域だけの染色

と呼ばれる標識分子が結合
したものです（図7.9）。つ
まり，人工 RNA には Dig
が結合した状態になるわけ
です。あとは簡単です。人
工 RNA を作用させれば，
目的の RNA に相補的に結
合し，目的の RNA が存在
する部位に Dig が存在す
る状態になります。そこ
に，Dig に特異的に結合す
る抗体を作用させます。こ
の抗体の定常部には染色に
用いる酵素が結合している
ため，基質を作用させてや
れば，目的の RNA が発現
している部位だけが発色す
ることになります（図7.9）。
*in situ* ハイブリダイゼー
ション法は，抗体を作成し

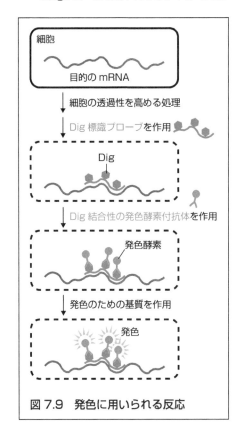

図 7.9　発色に用いられる反応

たり，遺伝子組換え動物をつくる必要性も生じませんので，汎用性の高い
手法として用いられています。

**POINT** 57

◆ *in situ* とはラテン語で「本来の場所」という意味である。
◆ *in situ* ハイブリダイゼーションとは，目的の遺伝子が発現してい
る領域だけを色で染めるなどして，視覚化する技術である。
◆ Dig 認識抗体と，抗体に結合した酵素に対する基質を加えることで，
プローブが存在する領域を発色させることができる。

# Stage 58 遺伝子組換え技術

## 人類が開けてしまったパンドラの箱

　とある有名な除草剤の主成分グリホサートですが，自然界の土壌中にいるアクロモバクター属の細菌が，グリホサートを分解する酵素であるグリホサート酸化還元酵素（GOX）を有していることがわかりました。この細菌が有する GOX の遺伝子を大豆が有するように遺伝子組換え技術によって挿入したところ，グリホサートに耐性を有する，つまり除草剤でも死なない大豆ができあがりました（図 7.10）。

　このような遺伝子組換えが行われることに対する是非はさておき，本項ではこの技術について学んでいきましょう。この一連の改良には大きく 2 つのステップが存在します。①細菌に存在する GOX の遺伝子をとり出すこと，② GOX の遺伝子を大豆のゲノムに組み込むこと，です。このとき，活躍するのが植物に強い感染力をもつアグロバクテリウムという細菌です（図 7.11）。アグロバクテリウムの中には Ti プラスミドという巨大な環状 DNA が含まれています。Ti とは Tumor-inducing の略であり，その名のとおり植物体に感染した際には腫瘍を誘導します。まず①の段階では，グリホサートを分解する酵素 GOX の遺伝子配列だけを PCR などの技術でとり出してきます。そして，Ti プラスミドの中につなぎ込み，それを再びアグロバクテリウムの中に形質転換させます（図 7.11）。

　続く②の段階について説明します。アグロバクテリウムに感染された植

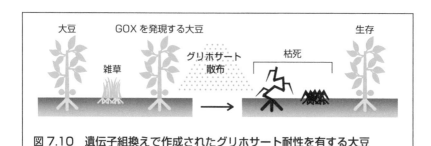

**図 7.10　遺伝子組換えで作成されたグリホサート耐性を有する大豆**

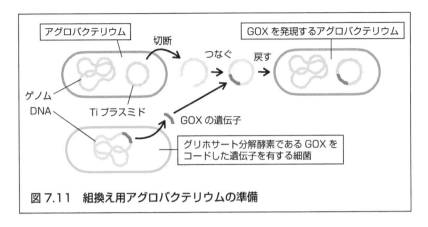

図 7.11　組換え用アグロバクテリウムの準備

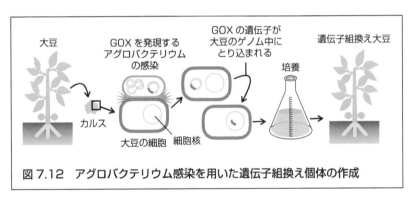

図 7.12　アグロバクテリウム感染を用いた遺伝子組換え個体の作成

物体の細胞内には Ti プラスミドが入った状態になります。Ti プラスミドの中には T-DNA（Transfer DNA）と呼ばれる植物のゲノム中に組み込まれやすい領域があります。GOX の遺伝子は，この T-DNA の領域内に挿入されているため，T-DNA が植物細胞のゲノムの中に挿入される際にいっしょに GOX の遺伝子も挿入されることになります。それを元に植物個体を成長させれば，遺伝子組換え作物が誕生します（図 7.12）。

**POINT** 58

◆ GOX は細菌が有するグリホサート分解を導く遺伝子である。
◆ GOX が人工的に挿入された大豆はグリホサート耐性を有する。
◆ アグロバクテリウムは植物細胞への遺伝子挿入に用いられる。

# Stage 59 ES 細胞とノックアウトマウス
## 特定の遺伝子を人為的に失わせる

　ヒトと同じ哺乳類であるマウスは，モデル生物としてよく用いられています。哺乳類の受精卵は胚盤胞（別の生物では胞胚期と呼ばれる時期）の段階で母親の子宮に着床します（図 7.13）。この胚盤胞の内側には内部細胞塊と呼ばれる領域があり，この内部細胞塊の細胞をとり出して培養したものを ES（embryonic stem）細胞と呼びます。この細胞群は将来何になるかほとんど決まっていない，つまり分化多能性（pluripotency）をもつ幹細胞の集まりです。それゆえ，多能性幹細胞である ES 細胞を用いてさまざまな組織・臓器などを人工的に形成させる研究が行われました。

　ES 細胞の他の使い方の代表例はノックアウトマウスの作製です。ノックアウトマウスとは，目的とする遺伝子が含まれる DNA 領域を人為的に欠失させたマウスのことです。この作製のために，遺伝子組換え技術を応用して，目的の DNA 領域が欠失した ES 細胞が最初に作製されます。哺乳類の体細胞は二倍体のため，同じ染色体をペアでもっています。つまり，同じ遺伝子がペアで存在することになり，染色体上の同じ位置に存在する遺伝子を対立遺伝子と呼びます。遺伝子組換え操作の際の反応の確率上，対立遺伝子の両方が同時に欠失（ホモで欠失）することは考えにくく，この ES 細胞ではどちらか一方の対立遺伝子のみが欠失（ヘテロで欠失）しています。この ES 細胞を内部細胞塊に混ぜ合わせると，その細胞群をまだらに含むキメラマウスが誕生します（図 7.14 のキメラマウス）。このキメラマウスの生殖細胞（精子もしくは卵を形成する細胞）が遺伝子操作された細胞に由来するならば，正常マウスと掛け合わせれば，全身がヘテロで目的の遺伝子を欠

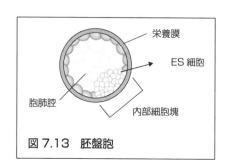

図 7.13　胚盤胞

栄養膜
ES 細胞
胞胚腔
内部細胞塊

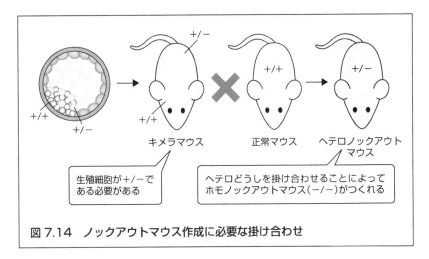

キメラマウス

正常マウス

ヘテロノックアウト
マウス

生殖細胞が＋/−で
ある必要がある

ヘテロどうしを掛け合わせることによって
ホモノックアウトマウス(−/−)がつくれる

**図7.14　ノックアウトマウス作成に必要な掛け合わせ**

失された細胞で構成されるマウスが1/2の確率で誕生します（図7.14の
ヘテロノックアウトマウス）。この時点で大きな影響が認められる場合も
ありますが，さらにこれらを掛け合わせることによって，1/4の確率でホ
モノックアウトマウスが誕生します。

　キメラマウスを産む母マウスが一世代目，キメラマウスの段階が二世代
目，ヘテロノックアウトマウスが三世代目，そして四世代目でホモノック
アウトマウスが誕生することになります。その途中の作業も含めると，
ノックアウトマウスの作製は約半年がかりの作業となります。

## POINT 59

◆ ES 細胞とは哺乳類の胚盤胞の内部細胞塊由来の細胞を培養した細
　胞であり，分化多能性（pluripotency）を有している。
◆ 遺伝子組換えによって作製するのは，目的の DNA 領域に存在する
　対立遺伝子がヘテロで欠失された ES 細胞である。
◆ ES 細胞から，ホモノックアウトマウスを作製するためには，四世
　代にわたる飼育が必要となる。

# Stage 60 コンディショナル KO

## 特定の遺伝子を特定の場所／時期で失わせる

いろいろな組織や器官で働いている遺伝子 A があるとして，これを実験的に成体の十分に成熟した時期の膵臓でのみノックアウト（KO）させたい場合もあるでしょう。これを可能にしたのが，コンディショナル KO という技術です。

コンディショナル KO には，Cre-loxP システムと呼ばれる系が頻用されます。まずタンパク質である Cre と DNA 上の配列である loxP の理解からはじめましょう。Cre はウイルスに存在するトポイソメラーゼと呼ばれる遺伝子組換え酵素の一種です。Cre には標的となる 34 塩基対の DNA 配列があり，それを loxP と呼びます。loxP の配列の両端の 13 塩基対は互いに同じ配列をしており，そこに Cre が結合します。DNA 上に loxP で挟まれた配列（図 7.15 の赤線部）が存在すれば，そこに Cre が結合し，挟まれた配列は DNA 上からとり除かれます（図 7.15 左下）。さらにタモキシフェンという薬剤を加えることで活性化する Cre（Cre-ER）を利用する場合もあります（図 7.15 右下）。

Cre-loxP システムを働かせるためには，Cre 用のマウス（Cre マウス），loxP 用のマウス（loxP マウス）のそれぞれが必要です。まず Cre マウスの話をします。これは，Cre をコードした遺伝子のプロモーター領域の選択が重要です。たとえば，成体の十分に成熟した時期の膵臓でのみ発現する既知の遺伝子のプロモーター（PSP；pancreas-specific promoter）に Cre の配列を結合させ，それがゲノム上に組み込まれたマウスを作製します（図 7.16）。一方，loxP マウスは KO したい遺伝子の領域を loxP 配列で挟まれるようにしたものになります。

Cre マウスと loxP マウスが完成すれば，あとは両者を掛け合わせるだけで，一定の確率で，Cre と loxP を両方ゲノム上に有するマウスが得られます。

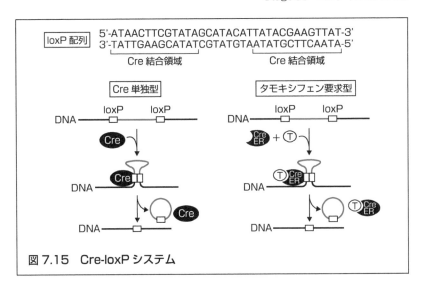

図7.15　Cre-loxP システム

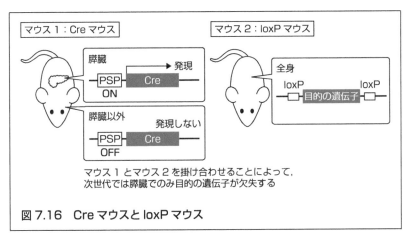

図7.16　Cre マウスと loxP マウス

**POINT** 60

◆ 生物個体の特定の時期に特定の場所だけで遺伝子がノックアウト（KO）された状態を導く手法がコンディショナル KO である。

◆ Cre が存在すると，loxP で挟まれた領域が切りとられる。

◆ タモキシフェン誘導型の Cre を用いれば，タモキシフェンが存在するときにのみ loxP で挟まれた領域が切りとられる。

# Stage 61 抗体を用いたタンパク質の検出

## ウェスタン・ブロッティング

　生体内のさまざまな現象や営みは DNA や RNA によって制御されているといえますが，それらはあくまで情報分子にすぎません。仮に DNA や RNA を試験管内に入れたとしても，それによって特異的な化学反応はほとんど生じることはありません。なぜなら，DNA や RNA の情報に基づいて合成されたタンパク質こそが機能を担っているからです。つまり，生物体で実際に生じている内容を理解するためには，どのようなタンパク質が活躍しているのかを知ることが重要となります。それゆえ，タンパク質を検出するさまざまな手法が開発されました。ここでは，その代表的手法であるウェスタン・ブロッティング（Western blotting）について説明します。

　ウェスタン・ブロッティングは 3 つの段階から成り立っています。第一段階は，Stage 46（p.122）ですでに学んだ S D S-PAGE です。第二段階は，ゲルに流れたタンパク質をニトロセルロース膜などのタンパク質を吸着するフィルターに写しとる作業（転写）です。なお，DNA → RNA の転写とは関係ありません。これもタンパク質が陽極に移動する性質を利用して行われます。第三段階がブロッティングにあたる抗体検出です（図7.17）。フィルター上のどこかに検出したい目的のタンパク質があるとすれば，それを直接認識する抗体が結合することになります。これを一次抗体と呼びます。ただし，一次抗体がタンパク質に結合したとしても，それを目視することはできません。そこで抗体に，発光基質を活性化させることができる酵素が結合した二次抗体を追加します。二次抗体は一次抗体に特異的に結合するため，この段階でタンパク質が存在する部位に酵素が位置することになります。最後に，発光基質をフィルター状に暴露してやると，タンパク質の存在する部位が光ることになります。この光量をとらえる化学発光検出装置があり，目的の分子量の位置が光るか否かを認識することで，目的のタンパク質の存在の有無ならびに量を測定することが可能

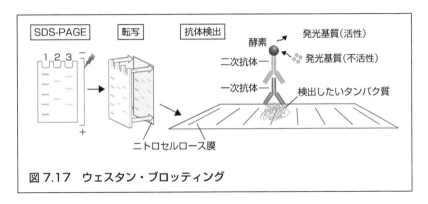

図7.17 ウェスタン・ブロッティング

になるわけです。なお，酵素としてはHRP（西洋ワサビ・ペルオキシダーゼ：horseradish peroxidase）やアルカリフォスファターゼがよく用いられます。

また，*in situ*ハイブリダイゼーション（Stage 57（p.150））と同じく，抗体を用いて，固定した生物個体を直接染色する手法もあります。これを免疫抗体染色法と呼びます。*in situ*ハイブリダイゼーションの場合と同じく，非常に美しい染色像が得られることがあります。

余談ですが，分子生物学の世界にはDNAとRNAを検出する方法として，まず，サザン・ブロッティングとノザン・ブロッティングがそれぞれ存在していました（最近はこれらの技術が使われることは滅多にありません）。名称は最初にサザン氏がDNA検出手法を開発したことがはじまりとなっています。その後，タンパク質の検出手法にイースタンではなくウェスタンが選ばれた理由は，米国の西海岸にあるシアトルで開発されたからでした。

**POINT** 61

◆ ウェスタン・ブロッティングによって，タンパク質について抗体を用いて検出することが可能になる。

◆ 電気泳動したタンパク質はニトロセルロース膜などのフィルターに転写させた後に抗体を用いて検出することになる。

◆ 抗体を用いて，*in situ*ハイブリダイゼーションと同じく，タンパク質が発現している領域を染める手法を免疫抗体染色法と呼ぶ。

# Stage 62 免疫沈降法

## 溶液の中から目的の物質だけをとり出す

　溶液の中に目的の物質 X が含まれており，それだけを効率よくとり出したいときもあると思います（図 7.18）。このようなときに用いられる極めて有効な技術が免疫沈降法（IP；Immunoprecipitation）であり，やはり分子生物学の実験では重宝されています。

　方法は極めて簡単です。まず，物質 X と特異的に結合する抗体を準備します（図 7.19）。この抗体には磁性ビーズが結合した状態になっています（磁性ビーズ以外にも用いられる物質はありますが，ここでは割愛します）。これを溶液の中に入れて，目的の物質 X と結合させるわけです。続いて，試験管

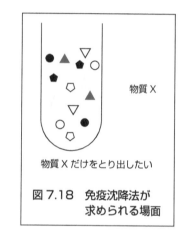

物質 X

物質 X だけをとり出したい

**図 7.18　免疫沈降法が求められる場面**

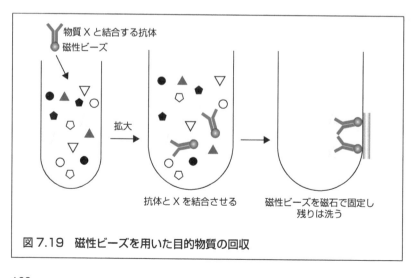

物質 X と結合する抗体
磁性ビーズ

拡大

抗体と X を結合させる

磁性ビーズを磁石で固定し残りは洗う

**図 7.19　磁性ビーズを用いた目的物質の回収**

に磁石を作用させると物質Xに結合した抗体が試験管の脇に結合した状態になります。このとき，溶液を入れ替えれば，物質X以外のものはほとんどなくなります。その後，抗体と物質Xが結合できない環境にすることによって，物質Xだけを極めて高濃度で得ることが可能になります。

　物質Xがタンパク質である場合，ウェスタン・ブロッティング（Stage 61）を用いて検出する作業などが追加で行われ

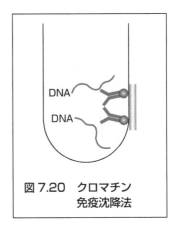

図7.20　クロマチン
免疫沈降法

ます。これをさらに応用すると，染色体なども対象にすることができます。クロマチン上にはヒストンや転写因子など，さまざまなタンパク質が結合しています。これらのタンパク質を標的として免疫沈降を行えば，タンパク質とともに結合するDNA領域を得ることができます。このような場合をクロマチン免疫沈降法（ChIP：Chromatinを対象としたIP）と呼びます（図7.20）。

　同じく，RNAにもさまざまなタンパク質が結合しています。これらのタンパク質を標的として免疫沈降を行い，RNAを得る手法をRNA免疫沈降法（RIP：RNAを対象としたIP）と呼びます。このようにさまざまなかたちで免疫沈降法は応用されています。

**POINT** 62

◆ 免疫沈降法を用いれば，サンプルの中に目的の物質Xが含まれているか否かを簡易的に調べることができる。

◆ 磁性ビーズが結合した物質Xに結合する抗体を溶液に混ぜ，磁石を働かせることによって，物質Xだけを試験管の壁に結合した状態にすることができる。

◆ 物質XがDNAやRNAなどの核酸であれば，免疫沈降法によって，物質Xが結合する核酸を見つけることもできる。

# Stage 63 レポーターアッセイ

## スイッチと遺伝子の組み合わせの変更

　遺伝子とスイッチ領域であるプロモーターは原則として独立して存在すると考えられます。たとえば，遺伝子 B のプロモーターに遺伝子 A を人工的に結合させたものを作成したとしましょう（図 7.21）。このとき，遺伝子 A は本来遺伝子 B が発現する場所やタイミングで発現することになります。レポーターアッセイとはこのプロモーターと遺伝子の独立性を利用したものになります。

　研究対象が転写因子である場合やプロモーター自体の働きを調べたい場合，レポーターアッセイが用いられます。レポーターアッセイの特徴は，構造遺伝子部位にレポーター遺伝子という決まりきったタンパク質をコードしたものを用います。最も有名なものはルシフェラーゼという酵素をコードした遺伝子となります。ルシフェラーゼはホタルなどの発光にかかわる酵素であり，化学物質であるルシフェリンに作用して発光させます（図 7.22）。これを用いたレポーターアッセイがルシフェラーゼアッセイです。

　転写因子 X が研究対象として，転写因子 X が結合するプロモーターと思われる DNA 配列が Stage 62 で紹介した ChIP によって得られたとしましょう。その配列にルシフェラーゼ遺伝子を結合させた DNA を作成し，

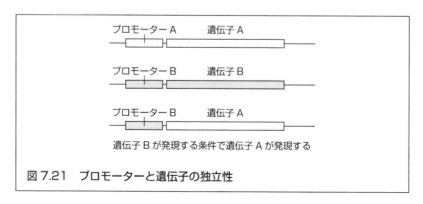

プロモーター A　　遺伝子 A

プロモーター B　　遺伝子 B

プロモーター B　　遺伝子 A

遺伝子 B が発現する条件で遺伝子 A が発現する

図 7.21　プロモーターと遺伝子の独立性

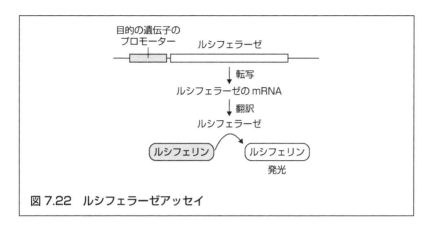

図 7.22 ルシフェラーゼアッセイ

表 7.1 レポーター遺伝子の種類と反応

| レポーター遺伝子の種類 | プロモーターが ON になったときに生じる反応 |
|---|---|
| ① β-ガラクトシダーゼ | 化学薬品 X-Gal と反応して青色に発色させる |
| ② ルシフェラーゼ | ルシフェリンと反応して光を発する |
| ③ β-ラクタマーゼ | FRET 反応※によって蛍光の種類を変える |
| ④ アルカリフォスファターゼ | リン酸エステル化合物に作用して発色させる |
| ⑤ GFP | 励起光が照射されると緑色に発色する |

※近接した 2 個の色素分子の間で励起エネルギーが電子の共鳴により直接移動する現象

培養細胞等に挿入します。この系を用いれば、発光を導く転写因子が何か探すことが可能になります。

　レポーターにはそれ以外にもさまざまな遺伝子が用いられます。その一覧を表7.1 にまとめておきます。

## POINT 63

◆ ある遺伝子 A について遺伝子 B のプロモーターを結合させれば、本来, 遺伝子Ｂが発現する条件下で遺伝子Ａが発現することになる。

◆ 遺伝子 B のプロモーターとルシフェラーゼをコードした遺伝子を結合させれば、遺伝子Ｂが発現する条件下で, ルシフェリンを用いて発光させることができる。

◆ レポーター遺伝子はルシフェリンをコードした遺伝子以外にも, さまざまなものがある。

### column 「バイオセーフティレベル（BSL）」

　遺伝子組換えを伴う分子生物学実験では，非常に危険な生物やウイルスをとり扱う場合や，つくり出す可能性もあります。それゆえ，特定の空間内で物理的に封じ込めたかたちで実験を実施する必要があります。実際には，哺乳動物等に病原性のない生物はクラス1，病原性が低い生物はクラス2，病原性が高いが伝染性が低い生物はクラス3，病原性も伝染性も高い生物はクラス4と分類され，それらをとり扱う実験室に対しては，それぞれBSL-1からBSL-4までレベル分けされた拡散防止措置が求められています。2020年にパンデミックを引き起こしたコロナウイルス（SARS-CoV-2）は「当然BSL-4」と思われるかもしれませんが，少なくとも現時点ではBSL-3が適当とされています。必要とされる条件は図を参照してください。世の中にはエボラウイルスなどを代表としたもっとおそろしいウイルスなどが存在しており，それらをとり扱う際には，さらに徹底した封じ込めが規定されたBSL-4が求められます。

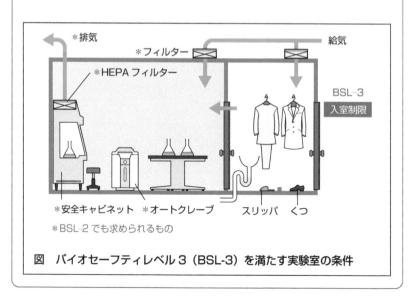

**図　バイオセーフティレベル3（BSL-3）を満たす実験室の条件**

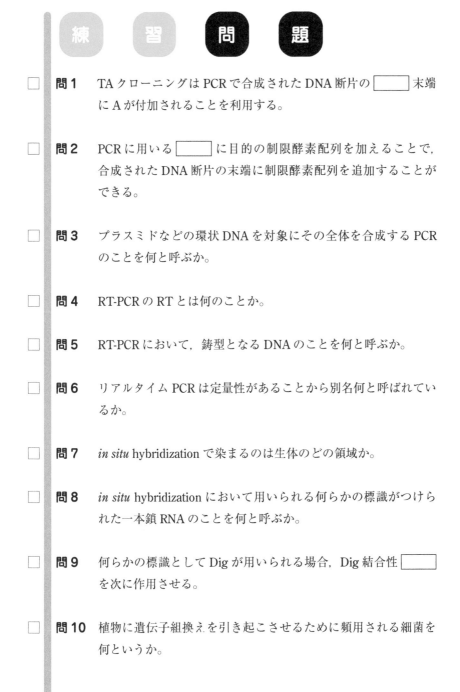

## 練習問題

☐ **問1** TAクローニングはPCRで合成されたDNA断片の ☐ 末端にAが付加されることを利用する。

☐ **問2** PCRに用いる ☐ に目的の制限酵素配列を加えることで, 合成されたDNA断片の末端に制限酵素配列を追加することができる。

☐ **問3** プラスミドなどの環状DNAを対象にその全体を合成するPCRのことを何と呼ぶか。

☐ **問4** RT-PCRのRTとは何のことか。

☐ **問5** RT-PCRにおいて, 鋳型となるDNAのことを何と呼ぶか。

☐ **問6** リアルタイムPCRは定量性があることから別名何と呼ばれているか。

☐ **問7** *in situ* hybridization で染まるのは生体のどの領域か。

☐ **問8** *in situ* hybridization において用いられる何らかの標識がつけられた一本鎖RNAのことを何と呼ぶか。

☐ **問9** 何らかの標識としてDigが用いられる場合, Dig結合性 ☐ を次に作用させる。

☐ **問10** 植物に遺伝子組換えを引き起こさせるために頻用される細菌を何というか。

**問 11** ES 細胞は哺乳類の胚盤胞の ☐ 細胞塊からとり出して培養した細胞である。

**問 12** 目的の遺伝子がノックアウトされた ES 細胞を内部細胞塊に混ぜてできあがったキメラマウスを 1 代目とすると，目的の遺伝子をホモノックアウトされたマウスが得られるのは何代目になるか。

**問 13** コンディショナルノックアウトに用いられる酵素 Cre が標的とする配列は何か。

**問 14** タンパク質を電気泳動し，フィルターに転写させたのち，目的のタンパク質に結合する抗体を用いて検出する手法を何と呼ぶか。

**問 15** 溶液の中に含まれる目的の物質を，それに特異的に結合する磁性ビーズ付き抗体に結合させて磁石で固定した状態で溶液を洗い，その後，磁性ビーズ付き抗体から切り離してとり出す手法を何と呼ぶか。

---

解　答

問 1　3'
問 2　プライマー
問 3　インバース PCR
問 4　逆転写（reverse transcription）
問 5　cDNA（complementary DNA）
問 6　qPCR（quantitative PCR）
問 7　目的の RNA が発現する領域
問 8　RNA プローブ
問 9　発色酵素付抗体
問 10　アグロバクテリウム
問 11　内部
問 12　3 代目
問 13　loxP
問 14　ウェスタン・ブロッティング
問 15　免疫沈降法

# Chapter 8
# 分子生物学的手法
# 〜21世紀編

ヒトの全遺伝子破裂を読むプロジェクト，つまりヒトゲノム計画（1990〜2003）がはじまった頃は，先が見えない壮大なプロジェクトでした。しかし，計画中にシーケンサーやその周辺機器の自動化が進み，想定されていたよりも数年早く完了しました。その後も技術革新は目覚ましく，次世代シーケンサーの登場とそのグレードアップがくり返されています。本章では20世紀になってから，目覚ましい発展を遂げている技術について学びましょう。

# Stage 64 RNAi

## 二本鎖 RNA が導く制御システム

　特定の RNA を壊すことによって，その遺伝子の働きを阻害する手法を遺伝子ノックダウンと呼びます（DNA レベルで欠失させる場合をノックアウトと呼ぶことに対して）。遺伝子ノックダウンを行ううえで，最もよく用いられているのが，RNAi という手法です。RNAi とは RNA interference の略で，RNA 干渉という現象を利用したものです。たとえば，遺伝子 A の mRNA を細胞内で RNAi によって分解したい場合の話を述べます。この場合，同じ細胞内に遺伝子 A の mRNA の特定の一部の配列と同じ配列を有する二本鎖 RNA を存在させることによって，遺伝子 A の RNA を人為的に分解させます（図8.1）。この内容を示す論文が発表された当時は非常に不思議な現象として受け止められましたが，その後の研究から，ほぼすべての生物において用いられている重要な分子機構であることが明らかになり，この現象を発見したファイアー氏とメロー氏は 2006 年にノーベル生理学・医学賞を受賞しています。

　RNAi について詳しい説明をします。細胞質中に二本鎖の領域を有する

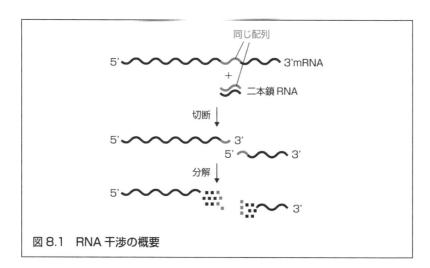

図 8.1　RNA 干渉の概要

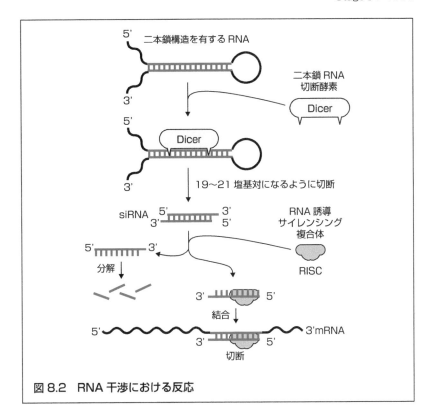

図 8.2　RNA 干渉における反応

RNA が存在する状況が，何らかの転写によって生じたり，外界から挿入されたりすることによって生じることがあります。図 8.2 の上に示したものは，1 本の RNA からなる分子であり，途中にループ構造を有し，ループ構造の 5' 側と 3' 側で相補的な結合をしています。このような短いヘアピン状の RNA のことを shRNA（short hairpin RNA）と呼びます。必ずしもこのような形をしている必要性はなく，一定の長さの二本鎖領域を有することで条件は満たされます。この二本鎖 RNA 領域を標的とする Dicer という酵素が存在します。Dicer は二本鎖 RNA 領域に結合して，二本鎖の領域が 19 ～ 21 塩基対程度になるように切断します。この切断された RNA のことを siRNA（small interfering RNA）と呼びます。siRNA は 3' 末端だけが 2 塩基分突出した末端となる特徴があります。続けて，RISC と呼ばれるいくつかのタンパク質の複合体が siRNA に結合します。このとき，mRNA に結合できるアンチセンス配列を有する鎖だけが残され，

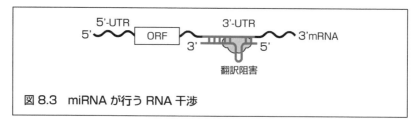

図 8.3　miRNA が行う RNA 干渉

mRNA 配列と同じもの，つまりセンス側の鎖は分解されることになります。その後，アンチセンス配列を有する鎖と RISC の複合体は標的となる mRNA に結合して，切断することになります（図 8.2）。

　実は RNAi には siRNA ではなく miRNA（micro RNA）という形で RNA の機能を阻害するものもあります。基本的には最終段階が違うだけなので，そこだけを図 8.3 に示します。miRNA の場合は mRNA の 3'-UTR 領域に結合しますが，アンチセンス配列が完全ではない領域を有しているという特徴があります。そして，結合した領域では mRNA の切断ではなく，翻訳阻害を引き起こします（図 8.3）。つまり，siRNA なら mRNA を分解，miRNA なら mRNA からタンパク質への翻訳を阻害するというかたちで RNAi では遺伝子ノックダウンが成立するわけです。

## POINT 64

◆ RNAi では，目的の遺伝子と相補的に結合できる RNA 配列が二本鎖構造の状態になったものを用いる。
◆ 二本鎖 RNA は Dicer によって適切な大きさに切断され siRNA となり，そこに RISC が結合することによって，標的の RNA に作用できるようになる。
◆ siRNA の場合は RNA が分解されるが，miRNA の場合は翻訳が阻害される。

# Stage 65 クリスパーキャスと遺伝子破壊
## 21世紀に登場した画期的な DNA 操作法

　単細胞生物である原核生物には免疫機構は存在しないと長らく考えられていました。しかし，実際には類似した機構が存在しています。一度，侵入したウイルスの DNA 配列の一部をゲノム上に存在するクリスパー（CRISPR；clustered regularly interspaced short palindromic repeat）という領域に保存します。再び同じウイルスに感染したときは，保存した配列を用いて，ウイルスを攻撃するための道具をつくり，攻撃するというシステムです（図8.4）。

　この特定の DNA 配列のみに対して攻撃するシステムを，真核生物にも応用できるように人為的につくられた方法がクリスパーキャス（CRISPR-Cas）です。なお，Cas とは DNA を切断する酵素である Cas9[キャスナイン]に

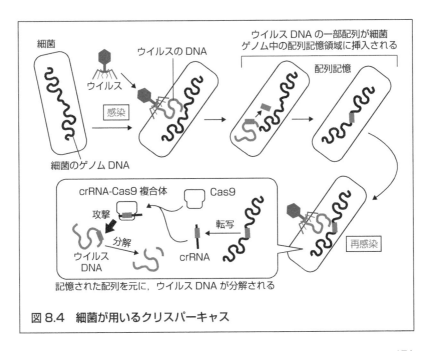

図8.4　細菌が用いるクリスパーキャス

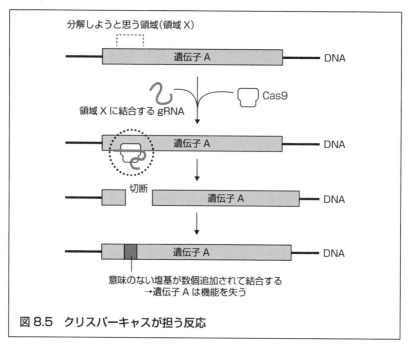

分解しようと思う領域（領域 X）

遺伝子 A DNA

領域 X に結合する gRNA Cas9

遺伝子 A DNA

切断

遺伝子 A DNA

遺伝子 A DNA

意味のない塩基が数個追加されて結合する
→遺伝子 A は機能を失う

**図 8.5 クリスパーキャスが担う反応**

由来します。クリスパーキャスでは，真核細胞には存在しない酵素 Cas9
と，破壊したいと考えている標的の配列を含む RNA（guide する RNA と
して gRNA と呼ばれる）を目的の細胞内に加えるだけです。その結果，
gRNA と Cas9 が複合体を形成し，標的の配列を切断します（図 8.5）。こ
の切断される領域の詳細は次の Stage 66 で説明します。このとき，切断
された部位は修復されますが，正しく修復された場合は，また切断されま
す。そのうち，間違った塩基が追加されるなどすると，切断の標的にはな
らなくなります。その結果，開始コドンが壊れたり（開始コドン付近に変
異が入るように狙っていた場合），遺伝子の配列のフレームシフト（塩基
が追加されたりすることで ORF 中のコドンの読み枠がずれること）が生
じるなどして，遺伝子 A が意味をもたなくなります。

　この技術を用いれば，たとえばマウス胚の場合は受精卵に，植物の場合
はプロトプラスト（細胞壁をとり除いた植物細胞）の中に gRNA と Cas9
を入れてやるだけで，いとも簡単に遺伝子ノックアウトが成立することに
なります（図 8.6）。

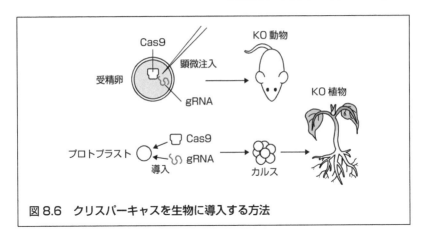

**図 8.6　クリスパーキャスを生物に導入する方法**

　Cas9 には DNA を切断する酵素活性がありますが，おもしろいことに DNA 切断を触媒する領域を失わせて，別の酵素活性をもつ領域と置き換えたものも存在します。たとえば，DNA の塩基部分からアミノ基を奪いとるような活性をもたせた変形型の Cas9 です。これを用いれば，gRNA が結合した領域において，DNA は切断されるのではなく，シトシン塩基がウラシル塩基に置き換えられることになります。ウラシル塩基は DNA 上には存在しないはずの塩基であるために，細胞内ですぐにチミン塩基に置き換えられます。その結果，シトシン塩基が最終的にチミン塩基に変化することになるのです。このように，現在，さまざまなタイプの変形型 Cas9 が人の手によって生み出されようとしています。

**POINT** 65

- ◆ クリスパーキャスは元々原核生物が有していた免疫機構を応用した技術であり，標的の DNA 配列（領域 X）を認識して，その遺伝子を破壊することができる。
- ◆ 領域 X に結合できる gRNA と DNA 切断酵素である Cas9 が複合体を形成することによって，領域 X は切断される。
- ◆ 切断された領域 X は修復反応の際に，間違った塩基が追加されることによって，領域 X を含む領域は意味をもたない状態になる。

# Stage 66 クリスパーキャスと遺伝子組換え

## 切断した領域に新たな遺伝子を放り込める

　遺伝子を欠損させるだけでは，新たな能力をもった生物を生み出すうえで，その応用度はかなり限られます。一方，他の生物に存在する遺伝子を別の生物に追加したとすれば，可能性は限りなく広がります。これがStage 58（p.152）でも学んだように，遺伝子組換え技術の醍醐味といえるでしょう。実はクリスパーキャスを用いれば，遺伝子組換えについても簡便に実施できてしまいます。

　クリスパーキャスによる切断は，NGG（NはA，C，G，Tの何がきてもよい）という3つの塩基配列からなるPAM配列の側方20塩基の領域にgRNAが結合し，PAM配列から3塩基離れた領域が切断されることによって生じます（図8.7）。それゆえ，切断された後の両側の配列（図の配列Aと配列B）はあらかじめ正確に把握できます。

　細胞内のDNAには，何らかの損傷が生じたときにはすぐに修復機構が

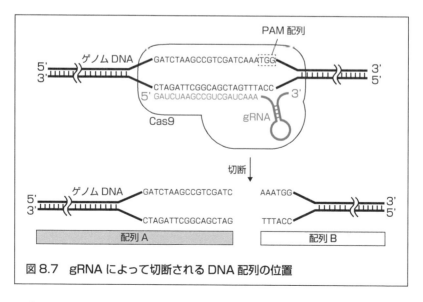

図 8.7　gRNA によって切断される DNA 配列の位置

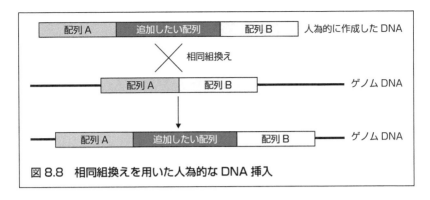

図 8.8　相同組換えを用いた人為的な DNA 挿入

働きます。クリスパーキャスによって生じる切断面は，Stage 27（p.64）において学んだ相同組換えという修復機構の対象になります。このしくみを追加で利用するわけです。つまり，図 8.8 に示した配列 A と配列 B の間に追加したい配列をあらかじめ追加した DNA を人為的に準備しておきます。これをクリスパーキャスによる反応を生じさせる際に共存させます。すると，相同組換えが一定の確率で生じ，切断したゲノム上の領域に新しい遺伝子が追加されます。

　配列 A や B の長さは 500 〜 1,000 塩基対程度のものが用いられますが，技術革新により 50 〜 100 塩基対程度でも実現するという論文も出ています。また，DNA の切断も近接する 2 か所でそれぞれ片方の鎖だけを切断して，2 か所の切断が成立したときのみ挟まれた領域が抜け落ちるという手法（ダブルニッキング法）を用いることによって，意図しない領域（オフターゲット）での切断を阻止するという手法も用いられます。クリスパーキャスを用いたゲノム編集技術は日々進化しているといえるでしょう。

**POINT** 66

◆ クリスパーキャスは特定の遺伝子を破壊するだけではなく，特定の領域に新しい遺伝子を追加することにも用いることができる。
◆ Cas9 で切断される両側の配列と相同の配列を両端にもつ DNA は，Cas9 で切断が生じた際に，相同組換えによって切断面に挿入される。
◆ オフターゲットをいかに減らすかが，クリスパーキャスの課題である。

# Stage 67 次世代シーケンサー

## 迅速な全ゲノム解析も可能に

　塩基配列を解読する基本的な手法として，Stage 49（p.128）ではサンガー法を学びました。サンガー法の一連の作業を自動で行ってくれる機械をシーケンサーと呼びます。このシーケンサーを改良し，コストも時間も飛躍的に改善させた機械が次世代シーケンサーとなります。ここでは，次世代シーケンサーの基本原理を学びましょう。

　まずサンプルの調製についてです。シーケンス解析の対象となる長鎖のDNA は制限酵素を用いて，断片化させます（図 8.9）。このとき，用いる制限酵素によって切断される位置は異なることになります。ここまでは，従来のシーケンサーでゲノムなどを読みとる際にも行いました。次世代シーケンサーでは，続けて，それぞれの短鎖 DNA の両側の末端にアダプ

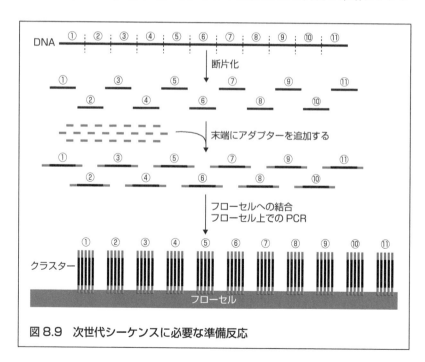

図 8.9　次世代シーケンスに必要な準備反応

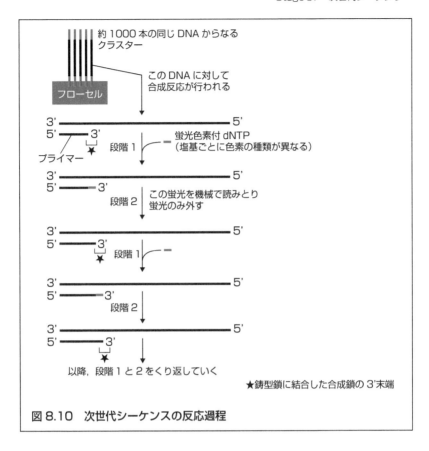

**図 8.10　次世代シーケンスの反応過程**

ター配列を結合させます。アダプター配列があれば，どの DNA 断片も同じプライマーで増幅させることになります。この短鎖 DNA をフローセルと呼ばれるプレートの上に結合させて，結合した状態で PCR を行います。すると，同じ短鎖 DNA 断片に由来する短鎖 DNA の集合体（クラスター）が形成されます（図 8.9）。

　続けて，読みとりの段階です。ここで重要になる新しい役者が蛍光色素付 dNTP です。これは Stage 49（p.128）で登場した ddNTP と似ており，鋳型鎖に結合した合成鎖の 3' 末端（図 8.10 の★）に結合して，合成反応を停止させます。おもしろい点は，機械が蛍光色素を読みとった後は，蛍光色素を外し，かつデオキシリボースの 3' 位の水酸基（−OH）を塞いでいた保護基（ターミネーターキャップとも呼ぶ）も除去することができ，蛍光色素が外れた 3' 末端にはさらなる dNTP の追加が可能になるところ

です（★が復活するわけです）。サンガー法では，さまざまな長さの断片をつくって，電気泳動することで配列を読みとっていたわけですが，この手法であれば，1 本の鋳型鎖に対する反応から塩基を読みとることができ，かつ電気泳動も必要なくなるわけです。

　この作業によって読みとられた DNA 断片は，一部の重複する配列を参考にしてコンピューターによってつなぎ合わされます。その結果，長い配列の解読が完了することになります。

　次世代シーケンサーで読みとられたゲノムは数多くありますが，ゲノムの意味についてもふれておきましょう。遺伝子は英語で gene です。それが集まったものなのでゲノム（Genome）と呼びます。これは，ギリシャ語の「すべて・完全」などを意味する接尾辞（-ome）を用いた言葉です。また，Genome に「学問」を意味する接尾辞（-ics）が加わると，ゲノム学（Genomics）となります。同じく，タンパク質（Protein）には Proteome/Proteomics，転写産物（Transcript）には Transcriptome/Transcriptomics，代謝産物（Metabolite）には Matabolome/Metabolomics という言葉が当てはまります。このように対象とする多種類の分子の全体像を解析する学問領域を，ome と ics が結合してオミクス（omics）と呼びます。

---

**POINT** 67

- ◆ 次世代シーケンスでは断片化された DNA を対象とする。
- ◆ 断片化 DNA の末端にアダプターをつけ，フローセルに結合させ，フローセル上で PCR 反応によって断片の数を増加させる。
- ◆ 次世代シーケンスには ddNTP は用いずに，蛍光を発した後は，蛍光色素と保護基（ターミネーターキャップ）が外れて，3' 末端に続けて dNTP が結合できる dNTP が用いられる。

# 「近未来のシーケンサー」

　塩基配列を読むうえで最も初期のシーケンサーは，サンガー法を用いた反応産物を電気泳動によって読みとるものでした（Stage 49（p.128））。次に断片化したDNAの末端にアダプターを結合させ，それをPCRで増幅したうえで，端から結合したdNTPの種類を順次読みとっていく次世代

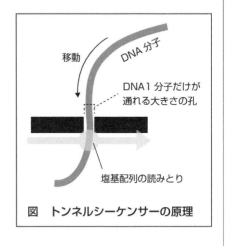

図　トンネルシーケンサーの原理

シーケンサーが開発されました（Stage 67）。次世代シーケンサーの登場によって，塩基配列を読むコストは大幅に下がったことはいうまでもありません。しかし，科学の進歩はとどまることを知らず，さらに新しいタイプのシーケンサーが開発されています。さぞかし難しい原理かと思いきや，実に簡単なもので，なんとDNA分子1本を，ようやくDNA分子の1本がなんとか通る程度の細い穴（孔）を通過させ，そのときに塩基配列を読みとっていくというものです（図）。穴を通らせることからトンネルシーケンサーと呼ぶこともあります。この場合，もはや特殊なdNTPを用いた複数本のDNA分子の合成すら必要なくなるので，さらに大幅なコストダウンが実現されることはいうまでもありません。また，必要とされる機械の大きさも小型の電子レンジ程度のサイズであり，駆動するために用いられる電気量も，乾電池で事足りるといわれています。まさに究極のシーケンサーといえるのではないでしょうか。

# Stage 68 トランスクリプトーム解析〜オミクス

## すべての分子を調べるという方針

　生体内の対象となる物質や作用などを網羅的に解析するのがオミクスです（表8.1）。ここでは多種類あるオミクスのなかでも特にメジャーといえるトランスクリプトーム解析について説明します。

### 表8.1　オミクス（omics）の種類

| 対象 | 全体の呼び方（-ome） | 学問名（-omics） |
| --- | --- | --- |
| Gene（遺伝子） | Genome（ゲノム） | Genomics |
| Transcript（転写産物） | Transcriptome（トランスクリプトーム） | Transcriptomics |
| Protein（タンパク質） | Proteome（プロテオーム） | Proteomics |
| Metabolite（代謝産物） | Metabolome（メタボローム） | Metabolomics |
| Interaction（相互作用） | Interactome（インタラクトーム） | Interactomics |
| Cell（細胞） | Cellome（セローム） | Cellomics |
| Microbiota（微生物叢） | Microbiome（マイクロバイオーム） | Microbiomics |

　転写産物を網羅的に評価しようとする研究は，ディファレンシャル・ディスプレイ法，マイクロアレイなど20世紀の段階で存在していました。これらも，トランスクリプトーム解析に含まれます。しかし，現在のトランスクリプトーム解析の主役はRNA-seq（RNAシーケンス）となっています。それゆえ，ここではトランスクリプトーム解析のなかでもRNA-seqにだけしぼって説明します。

　RNA-seqはサンプルにおいて発現しているすべてのmRNAの配列を読みとろうというものです。典型的なポリAを有するmRNAを対象にした場合の説明をします。まず，cDNA合成でも用いるオリゴdTに磁性ビーズをつけたものを用いてmRNAと結合させます。これを免疫沈降法（Stage 62）において用いたときと同じく磁石を用いることによって，mRNAだけを回収します。続けて，RNAを断片化し，逆転写反応を用い

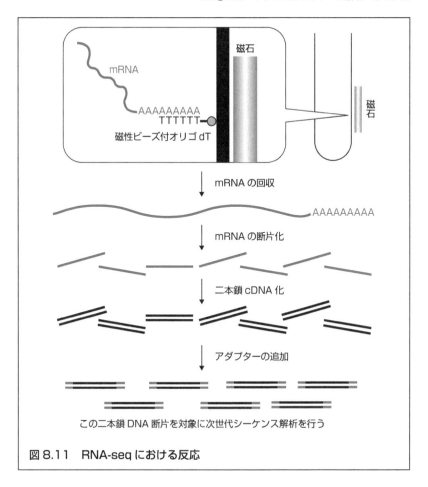

図 8.11　RNA-seq における反応

て二本鎖の cDNA にします（図 8.11）。あとは Stage 67 で学んだ次世代
シーケンサーのしくみを用いて，すべての mRNA の配列が読まれること
になります。

**POINT** 68

◆ トランスクリプトームとは，サンプルに含まれるすべての RNA を
　　対象にするという意味である。
◆ トランスクリプトーム解析の主流は RNA-seq である。
◆ オミクスには全 RNA を対象にするほか，全タンパク質，全代謝物
　　質，全相互作用，全細胞，全微生物叢を対象にしたものがある。

# Stage 69 メタゲノムとメタバーコーディング
## 試料に含まれる生物種がわかる

　細菌はいろいろなところに棲んでいます。しかし，サンプルの中にいろいろな菌が存在したとしても，従来の手法ではすべての菌が理想的に培養できるはずもなく，単一の菌種だけの分離も必ずしもうまくいきません。そこで，サンプルに含まれる生物種すべてのゲノム情報をリストアップするメタゲノムという概念が生まれました。

　一般的なメタゲノムの手法を説明します。具体例があったほうがわかりやすいと思うので，健康な A さんと肥満体質の B さんの糞便を対象に説明しましょう。糞便の一部を溶液に溶かし，16S rRNA の遺伝子に含まれる配列が増幅されるように PCR を行います。Stage 24 の図 3.7（p.59）に示したように，沈降定数が 16S となる rRNA は原核生物のみに存在するため，この PCR で増えてくる DNA 断片はすべて細菌のものに由来します。その後，次世代シーケンスを行い，読みとれた配列を既存の遺伝子データベースと照らし合わせれば，それぞれどのような腸内細菌叢をもつかわかります（図 8.12）。

　ほぼ相似した手法は真核生物にも応用可能です。真核細胞には沈降定数が 5.8S となる rRNA をはじめ，いくつかの真核細胞特異的な rRNA が存在します。たとえば，ある池にどのような生物が生息しているかを調べたい場合，池の水を 1 リットルほど汲み，それを DNA などが吸着できるろ紙を用いてろ過します（図 8.13）。そのフィルターから DNA を抽出し，5.8S rRNA の遺伝子を対象に PCR を行い，増幅した DNA 断片に対して次世代シーケンスを行います（図 8.13）。読みとれた配列を既存の遺伝子データベースと照らし合わせれば，その池にどのような生物種が生存していたかわかるわけです。このように，特定のサンプルに含まれる生物の種類を網羅的に同定する方法をメタバーコーディングと呼びます。池の水を抜いて生息する生物を確認する企画もありますが，その目的のためだけならば，メタバーコーディングで事足りるかもしれません。

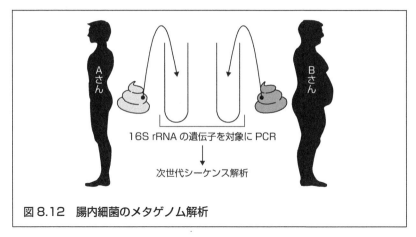

図 8.12　腸内細菌のメタゲノム解析

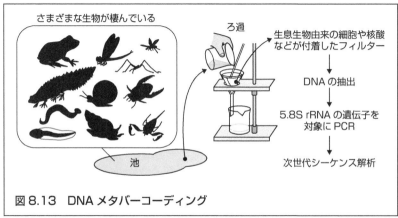

図 8.13　DNA メタバーコーディング

　もちろん，データベースに遺伝情報が登録されていない場合は，どの菌や生物種なのかを完全に特定することはできません。データベースは日々充実していくため，年々，この技術は進化していくといえるでしょう。

**POINT** 69

◆ rRNA に含まれる塩基配列を網羅的に読みとり，データベースと照らし合わせれば，サンプルに含まれる生物種を検出できる。
◆ ヒトの糞便に対してメタゲノムを行えば，どのような腸内細菌がいるのかを知ることができる。
◆ 池の水を対象にメタゲノムを行えば，どのような生物がその池に棲んでいるのかを知ることができる。

# Stage 70 タンパク質の構造解析

## X 線構造解析，NMR，クライオ電子顕微鏡

　生物学に顕微鏡は欠かせません。その歴史のなかでも，観察したい対象に光を当てて拡大していた光学顕微鏡に対して，電子を照射して拡大する電子顕微鏡の登場（1931 年）は画期的なものでした。なぜなら，光学顕微鏡の分解能が約 0.2 $\mu$m（＝200 nm）であったのに対して，電子顕微鏡ではそれが 0.2 nm と 1,000 倍にまで高まったからです。たとえば，大腸菌を光学顕微鏡で観察するとぼんやりとした輪郭をとらえるのが限界であるのに対して，電子顕微鏡では明瞭に輪郭が確認できるだけではなく，大腸菌がもつ鞭毛構造もしっかりと観察することが可能になります。細胞内小器官のリボソームも大きさが 20 nm であるため，電子顕微鏡でのみ観察することができます（図 8.14）。

　しかし，電子顕微鏡を用いても，タンパク質などの分子の立体構造の詳細を示す像を撮影することはほぼ不可能でした。そのため，科学者が用いていた技術が X 線結晶構造解析法と核磁気共鳴（NMR；nuclear magnetic resonance）法でした。この 2 つの特徴を簡単に述べます。

　X 線結晶構造解析では結晶化したタンパク質に X 線を浴びせます。その際に X 線が回折するため，フィルムに投影される像が立体構造ごとに異

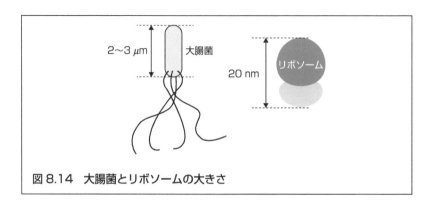

図 8.14　大腸菌とリボソームの大きさ

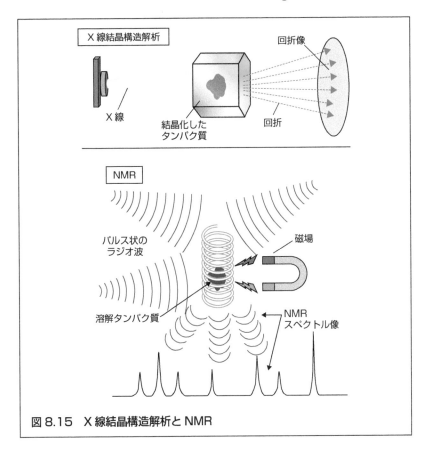

図 8.15　X 線結晶構造解析と NMR

なります。その像を元に立体構造を推測することになります（図 8.15 上）。NMR では強い磁場の中に溶解させたタンパク質を配置し，そこにパルス状のラジオ波を照射します。その結果，現れる NMR スペクトルの状態をみてタンパク質の立体構造を推測することになります（図 8.15 下）。

　X 線結晶構造解析も NMR も優れた構造解析の手法であり，サンプルの種類や大きさや状態によって，使い分けられます。ただ，両者とも，回折像やスペクトル像を元に立体構造を予想しなくてはならず，直接，立体構造を可視化することはできません。この問題点を解決したのが，クライオ電子顕微鏡です（図 8.16）。クライオ電子顕微鏡は電子顕微鏡ですから，電子線を用います。像をとらえるための大まかな流れは X 線結晶構造解析の場合と似ており，電子線をタンパク質に照射します。このとき，タン

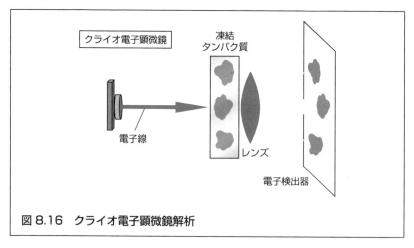

**図 8.16　クライオ電子顕微鏡解析**

パク質は特殊な処理によって凍結されている必要があります。「cryo-」は凍結を表す接頭辞ですので，クライオ電子顕微鏡の特徴であるともいえるでしょう。その後，レンズを通して，さまざまな角度から撮影した像が電子検出器に投影されます。そして，コンピューター上でそれらの画像を統括的にまとめることによって，立体像が得られることになります。

　クライオ電子顕微鏡による立体構造解析の報告は，今，うなぎのぼりで増えており，これからも当分その傾向は続くでしょう。なお，2017年のノーベル化学賞はこの偉大なるクライオ電子顕微鏡を用いて生体分子の立体構造解析をする手法を編み出した3名の科学者に授与されています。

**POINT** 70

◆X線結晶構造解析では，結晶化させたタンパク質にX線を照射した際に生じる回折像からタンパク質の構造を知ることができる。
◆NMRでは，溶解したタンパク質にさまざまな角度からパルス状のラジオ波を照射させることによって生じるスペクトル像からタンパク質の構造を知ることができる。
◆クライオ電子顕微鏡は凍結させたタンパク質に電子線を照射し，電子検出器に表示された像からタンパク質の構造を知ることができる。

# Stage 71 オプトジェネティクス

## 光で分子を操る

　オプトジェネティクス（optogenetics）という言葉は，遺伝学（genetics）という単語に光を表す接頭辞の opto が結合した比較的新しい言葉であり，日本語に訳せば光遺伝学ということになります。細胞の中に特定の波長の光に反応して活性が調節されるタンパク質を人工的に発現させ，その細胞に光を照射することによって，そのタンパク質を活性化させます。そのとき，どのような影響が現れるかを調べる手法です（図 8.17）。さまざまな応用性が考えられますが，特に神経系の研究の発展に欠かせない存在となっています。

　神経系の研究では，これまで電気刺激によって，目的の神経細胞を活性化させる手法が用いられてきました。しかし，電気刺激は目的の神経細胞だけでなく，周辺の細胞にも影響を与える可能性があるため（図 8.18 上），本当に目的の神経細胞だけを活性化しているか否かについて，厳密性において問題がありました。これを解決したのがオプトジェネティクスになります。Stage 60（p.156）に登場した Cre-loxP システムなどを活用して目的の神経細胞にだけ光感受性のあるタンパク質が発現できるようにします。この場合，光照射で活性化されるのは目的の神経細胞だけになるわけです（図 8.18 下）。

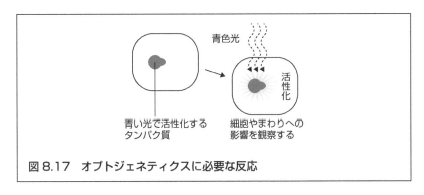

青色光

活性化

青い光で活性化する
タンパク質

細胞やまわりへの
影響を観察する

**図 8.17　オプトジェネティクスに必要な反応**

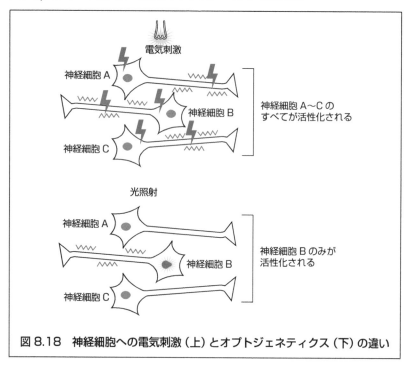

**図 8.18　神経細胞への電気刺激（上）とオプトジェネティクス（下）の違い**

　青色の光に反応するタンパク質として用いられるのは，緑藻類の一種であるクラミドモナスの眼点において見つかったチャネルロドプシン2というタンパク質です。チャネルロドプシン2は青色の光を浴びるとチャネルを開きます。このチャネルが開かれると，陽イオンが細胞内外での濃度勾配を打ち消す方向に輸送されます。神経細胞では，細胞外においてナトリウムイオンやカルシウムイオンの濃度が高く，細胞内ではカリウムイオンの濃度が高い状態になっていますので，このチャネルが開くと，それぞれのイオンの移動が生じることになります（図8.19）。この状態を脱分極と呼び，つまり神経細胞が活性化された状態に至ります。驚くべきことに，光照射からチャネルが開くまでの時間は，0.00003秒と極めて迅速です。

　チャネルロドプシン2は今もさまざまな改良が成されており，応答性や反応時間などが日々改善されています。チャネルロドプシン2は特定の波長の光を浴びると活性化されるものでしたが，逆に不活性化するものもあり，やはり実験に応用されています。いずれさまざまな光感受性のタンパ

ク質とそれに対応した波長の光の照射を組み合わせることによって，複雑な神経のネットワークを自在に操れるような系が作成されることになるでしょう。

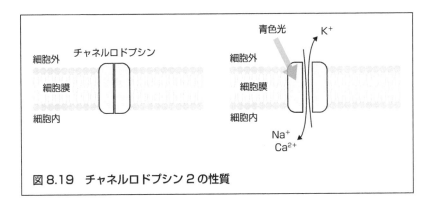

図8.19　チャネルロドプシン2の性質

**POINT** 71

◆ 光を照射することによって，目的のタンパク質の活性を調節する手法をオプトジェネティクスと呼ぶ。

◆ 光刺激に反応する物質だけを目的の細胞だけで発現させれば，光照射によって目的の細胞でのみ目的のタンパク質を活性化させることができる。

◆ クラミドモナスの眼点において見つかったチャネルロドプシン2を用いれば，青色の光を浴びるとチャネルが開く状態を導くことができる。

column 「cDNA ディスプレイ」

　現在，抗原に対する有効な抗体をつくる時間は，過去とは比較にならないくらい短くなっています。それを象徴するひとつの手法がcDNAディスプレイです。通常の抗体はH鎖とL鎖の2種類の組み合わせによって構成されているのに対し（Stage 72の図9.1（p.194）参照），ラクダ科の動物らはH鎖のみからなる抗体を有します。この抗原結合領域のみを人工的に用いたものをVHH抗体と呼びます（図左）。

　cDNAディスプレイでは，まずさまざまなVHH抗体をコードするmRNA群を準備し，それぞれについて，① mRNA自身，② mRNAがコードしているVHH抗体，③ mRNAを逆転写させたcDNAが合体した複合体をつくります（図右）。そして，抗原と結合する複合体だけを選択します。選択された③を利用して，再びcDNA→mRNA→①／②／③複合体と進み，抗原との結合を調べていけば，最終的にはベストの抗体にたどりつくことができます。この手法を用いれば圧倒的に短い時間で，未知の抗原に対する抗体を選択することが可能になります。2020年のコロナ禍の際にも，この手法を用いた抗体のスクリーニングが行われています。

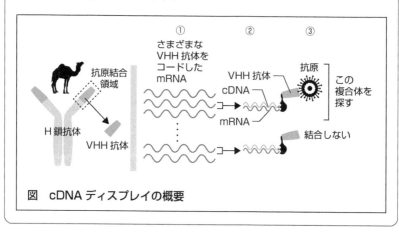

図　cDNAディスプレイの概要

**問 1** 細胞内に二本鎖の RNA 配列を切断して siRNA とする酵素の名称は何か。

**問 2** siRNA に結合する RNA 誘導サイレンシング複合体のことをアルファベット 4 文字で何と呼ぶか。

**問 3** siRNA と miRNA のうち，翻訳阻害にかかわるのはどちらか。

**問 4** クリスパーキャスは _____ に備わっていた免疫機構を人為的に利用したものになる。

**問 5** クリスパーキャスにおいて gRNA は _____ 配列に隣接する 20 塩基に結合する。

**問 6** クリスパーキャスによって切断された部位には _____ を用いて任意の配列を追加できる。

**問 7** クリスパーキャスなどのゲノム編集技術を用いる際には，意図しない領域（_____）に変異が生じる確率を減らすことが非常に重要である。

**問 8** 次世代シーケンサーを用いる際には，まず断片化した DNA の端に _____ 配列を結合させる。

**問 9** 次世代シーケンサーでは配列を読みとるために，読みとり後にとり外すことができる蛍光色素が結合した _____ を用いる。

**問 10** 試料に含まれる全 RNA を対象とした _____ 解析のことをトランスクリプトーム解析と呼ぶ。

**問 11** トランスクリプトーム解析の代表的な手法としてディファレンシャル・ディスプレイやマイクロアレイなどがあるが，現在では 　　　　 が頻用されている。

**問 12** 試料に含まれる全タンパク質を対象にすることをプロテオームと呼ぶが，微生物叢を対象にする場合は何と呼ぶか。

**問 13** 特定のサンプルに含まれる生物の種類を次世代シーケンスによって網羅的に同定する方法を何と呼ぶか。

**問 14** 凍結した試料に電子線を多角度から照射し，得られた画像を統括的にまとめることによって分子の立体構造を観察できる顕微鏡を何と呼ぶか。

**問 15** 特定の波長の光を照射することによって，生体内において目的の分子だけを目的の細胞でのみ活性化させる手法を何と呼ぶか。

解　答

問 1　Dicer
問 2　RISC
問 3　miRNA
問 4　原核生物（細菌）
問 5　PAM
問 6　相同組換え
問 7　オフターゲット
問 8　アダプター
問 9　dNTP
問 10　オミクス
問 11　RNA-seq
問 12　マイクロバイオーム
問 13　メタバーコーディング
問 14　クライオ電子顕微鏡
問 15　オプトジェネティクス

# Chapter 9

# 日本人の分子生物学分野におけるノーベル賞

1901 年にはじまったノーベル賞。岡崎令治博士のようにノーベル賞を確実視されながら早世された研究者もいましたが，生物系分野において日本人が初めてノーベル賞を受賞するまで，80 年以上の年月を要しました。しかし，その後は次々と受賞者が誕生しています。その研究の内容も多岐にわたります。本章では，日本人による功績の内容を理解するなかで Chapter 8 までに学んだ内容を復習したり，さらなる学習につなげるきっかけを見つけてください。

# Stage 72 抗体の多様性を産み出すしくみ

## 利根川 進博士 ～1987年ノーベル生理学・医学賞～

利根川 進（1939年9月5日～）
愛知県名古屋市生まれ
京都大学卒
バーゼル免疫学研究所（スイス）における研究成果により，ノーベル生理学・医学賞を受賞。

1987年のノーベル生理学・医学賞は「抗体の多様性に関する遺伝的原理の発見」をしたとして，利根川進博士が受賞しました。

私たちの身のまわりにはさまざまな抗原（体内に侵入する異物）が存在しており，その種類を網羅するだけの抗体をつくり出すことができます。抗体は免疫グロブリン（Ig；immunoglobulin）と呼ばれるタンパク質でできているので（図9.1 ①），数百万を超える抗原に対応する抗体をつくるためにはDNA上には数百万種類の遺伝子が必要になります。しかし，実際にはDNA上には約21,000種類の遺伝子しか存在しておらず，Igの種類を満たすことはできません。それでは，どのようなしくみを用いているのかというと，抗体を産生するB細胞は成熟する際に，Igの抗体と結合する領域（図9.1の①で示す可変領域）をコードしたDNA領域の再編集を行い，バリエーションを産み出します。IgはH鎖（Hはheavyに由来）とL鎖（Lはlightに由来）がそれぞれ2本ずつありますが，どちらの可変領域をコードしたDNAにおいても再編成は生じます（図9.1 ②③）。利根川進博士は，このうちL鎖のDNAが再編成されて短くなることを明確

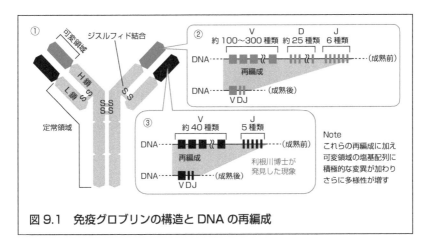

**図 9.1　免疫グロブリンの構造と DNA の再編成**

に証明しました。これは免疫機構の研究に携わる研究者の間に存在した永年の論争に終止符を打っただけではなく，体細胞では不変と考えられていた DNA の塩基配列が積極的に変化することもあることを示した画期的な発見といえます。

　実は，この再編成だけでは多様性を説明するうえでは不十分です。それに加えて，再編成後に可変領域をコードした DNA の塩基配列の特定の部位に変異が入ること，クラススイッチと呼ばれる機構が作用するなどして，十分な多様性が実現されることになります。なお，ひとつの B 細胞が産生する免疫グロブリンは原則 1 種類です。つまり，抗原の種類を網羅するだけの数の B 細胞が準備されていることになります。ただし，体内には約 37 兆個の細胞が存在するので，細胞数のうえではこれは問題にはなりません。

**POINT** 72

◆ 抗体は 2 種類の遺伝子の情報から合成される。

◆ 原則，1 つの B 細胞が合成できる抗体は 1 種類であり，抗原の種類に応対できるだけの B 細胞の種類が存在すると考えられる。

◆ H 鎖にも L 鎖にも可変部が存在し，その多様性は胎児期の B 細胞において DNA が編集されることによって導かれる。

# Stage 73 巨大なタンパク質の質量の測定

### 田中耕一さん　〜2002年ノーベル化学賞〜

田中耕一（1959年8月3日〜）
富山県富山市生まれ
東北大学卒
島津製作所における研究成果により
ノーベル化学賞を受賞。

　2002年のノーベル化学賞は「生体高分子の同定および構造解析のための手法の開発」をしたとして，3名の科学者に贈られました。そのなかの一人が田中耕一さんです（受賞時に博士号を取得されていなかったため「さん」づけとします）。

　分子はそれぞれに重量があります。その重量を正確にとらえることができれば，謎の分子が何であるのか，かなり限定されます（ほとんどの場合は特定されます）。この方式で試料にどのような分子が含まれているのかを調べる手法を質量分析法（mass spectrometry；MS）と呼びます。MSにもいろいろな手法がありますが，最も頻用されるものがTOF-MS（Time of flight-mass spectrometry）です。原理は非常に単純であり，レーザー照射によって真空中でイオン化された物質が一定の距離を飛ぶ時間を測定するというものです。このとき，質量の低い（つまり軽い）分子は速く，大きい（つまり重い）分子は遅くなります。その結果，試料にどのような物質が含まれるのかが判明するわけです（図9.2）。

　この技術にはレーザーを照射した際に試料がイオン化される必要があり

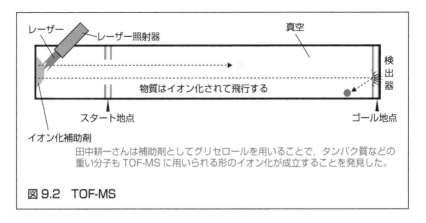

図 9.2 TOF-MS

ますが，そのためには試料を混ぜ込む補助剤の存在が欠かせません。開発された当初は，補助剤として有機溶媒であるアセトンに微小金属の粉末を混ぜたものが用いられていましたが，これでは分子量が 1,000 にも至らない軽い分子しか，測定の対象とすることはできませんでした。タンパク質はアミノ酸の集合体であり，アミノ酸 1 個あたりの平均分子量は 110 ありますから，アミノ酸の数が 10 を超えるものは対象外となってしまいます。しかし，田中さんは補助剤としてグリセロールを用いることで分子量が 30,000 を超える分子でも測定が可能にあることを発見しました。その後，この技術は改良に改良が加えられ，現在ではタンパク質の分析において，極めて重要なツールとして活躍しているわけです。

　田中さんがアセトンの代わりにグリセロールを用いた理由は，単なる人為的なミスであったそうです。しかし，どんな実験も無駄にしたくない，という田中さんの研究に対する真摯な姿勢がこの成功を導いたといえるでしょう。

**POINT 73**

◆ TOF-MS とは Time of flight-mass spectrometry の略。
◆ TOF-MS では，補助剤の中に入った物質はレーザーを照射することによってイオン化されて，真空中を飛行する。
◆ 田中耕一さんは補助剤にグリセロールを用いることで，タンパク質の質量分析を可能にした。

# Stage 74 緑色蛍光タンパク質（GFP）

## 下村脩博士 ～2008 年ノーベル化学賞～

しもむら おさむ
下村 脩（1928 年 8 月 27 日～
　　　　　2018 年 10 月 19 日）
京都府福知山市生まれ
16 歳のとき長崎県諫早市にて原爆
の被害を受ける。
長崎医科大学附属薬学専門部(旧制)卒
プリンストン大学における研究成果
によりノーベル化学賞を受賞。

　2008 年のノーベル化学賞は「緑色蛍光タンパク質（GFP）の発見と開発」をしたとして，3 名の科学者に贈られました。そのなかの一人が下村脩博士です。

　タンパク質はその立体構造によってさまざまな機能を有しますが，驚くべきことに，タンパク質自身が電球のように光を発することがあります。下村博士は，オワンクラゲというクラゲからイクオリンと呼ばれる発光タンパク質を発見し 1962 年に論文を発表しました。イクオリンはカルシウムイオンと反応すると 470 nm がピークとなる波長をもつ青色の光を発します（図 9.3）。しかし，世界が注目したのは，論文内にいっしょに記載された別の分子でした。イクオリンの発する微弱な青い光によって励起され，最大蛍光波長が 508 nm となる強い緑色光を発する別のタンパク質であり，これがノーベル賞の対象となった緑色蛍光タンパク質（green fluorescent protein；GFP）です（図 9.3）。イクオリンの発する光に頼らなくても，GFP を励起させる光を細胞に照射することは技術的に難しいことではありません。なお，イクオリンの発光にはセレンテラジンという発光

基質がイクオリンに合体すること
も求められます（図9.3）。

　タンパク質であることの利点
は，その情報をコードした遺伝子
が存在することです。たとえば，
GFPの遺伝子をDNA上に遺伝子
組換えによって挿入すると，その
生物は励起光を浴びると全身が光
るようになります（図9.4①）。
また，膵臓に発現する遺伝子のプ
ロモーターとGFPが結合するよ

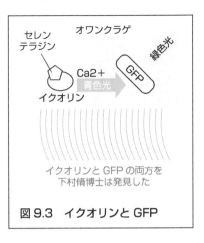

図9.3　イクオリンとGFP

うに遺伝子組換えを行えば，その生物は膵臓だけが光るようになります
（図9.4②）。さらに，特定のタンパク質とGFPを遺伝子の段階で合体さ
せれば（図9.4③），特定のタンパク質の動きをGFPの光によって追跡す
ることが可能になります。このように目的に応じて自在にGFPを光らせ
ることによって，さまざまな謎が解き明かされてきました。

図9.4　GFPを用いて光を発する対象例

**POINT** 74

◆ イクオリンは青色の光を発するタンパク質である。
◆ オワンクラゲが有するGFPは，青色光によって励起されて強い緑
　色光を発するタンパク質である。
◆ GFPは他のタンパク質と結合した状態でも光ることができる。

# Stage 75 ｜ iPS 細胞

### 山中伸弥博士　～2012年ノーベル生理学・医学賞～

山中伸弥（1962年9月4日～）
大阪府枚岡市（現 東大阪市）生まれ
神戸大学医学部卒
京都大学における研究成果により，
ノーベル生理学・医学賞を受賞。

　2012年のノーベル生理学・医学賞は「成熟した細胞もリプログラミングにより多能性（分化万能性）を獲得できることの発見」をしたとして，2名の科学者に贈られました。そのなかの一人が山中伸弥博士です。

　受精卵は，その生物の生活史に現れるあらゆる細胞に分化する能力を有しています。この能力を全能性（totipotency）と呼びます。この能力は，哺乳類の胚の場合では胚盤胞の内部細胞塊に由来するES細胞においても，ほぼ保存されています。受精卵は内部細胞塊以外の細胞にも分化することから，ES細胞の能力は多能性（pluripotency）と呼び分けられています。その後，発生が進むごとに，細胞の将来の可能性は，複能性（multipotency）→寡能性（oligopotency）→単能性（unipotency）と呼ばれるかたちでしぼんでいくことになります。

　山中博士はこの戻るはずのない時間を戻す手法を発見しました。そのためには，山中ファクターと呼ばれる4つの転写因子（Oct3/4，Sox2，Klf4，c-Myc）が用いられます。山中ファクターは細胞の生涯の極めて初期の段階で発現する転写因子です。これらをすでに分化した細胞に人工的

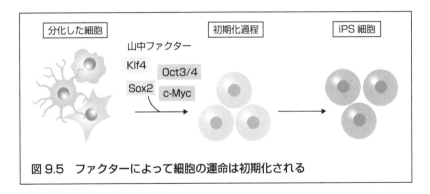

図 9.5　ファクターによって細胞の運命は初期化される

に作用させたところ，多能性を有するようになったというわけです（図9.5）。誘導された（induced），多能性をもつ幹細胞（pluripotent stem cell）という英単語より iPS 細胞と名づけました。

　iPS 細胞は ES 細胞（Stage 59（p.154）で学習）と同じように，特別な組織や臓器を人工的につくるために用いることができます。さらに ES 細胞を凌駕する利点は，iPS 細胞は患者自身の細胞を用いてつくられた iPS 細胞を元にして，目的の組織や臓器をつくることができる点です。自分自身の細胞でつくられた組織や臓器なので，ES 細胞の場合に生じる可能性がある免疫による拒絶反応が生じません。

　iPS 細胞は人工的に導いた自然界に存在しない細胞であり（それゆえがん化や他の病気につながるという懸念が生じる），ウイルスを用いて感染させた場合には細胞内に遺伝子組換え部位が含まれることになります。安全が担保されていないという懸念が当初ありましたが，その後の研究によって，その危険性はかなり減少しています。今後，どのように研究が発展するか注目されるところです。

**POINT** 75

◆ 生体内では分化が進むほど細胞の可能性は狭まっていく。
◆ 山中ファクターを加えることによって細胞の運命は初期化される。
◆ iPS 細胞を臨床に用いるために解決すべき問題点もある。

# Stage 76 エバーメクチン

## 大村智博士 ～2015年ノーベル生理学・医学賞～

大村 智（1935年7月12日～）
山梨県北巨摩郡神山村生まれ
山梨大学学芸学部卒
北里大学における研究成果により，
ノーベル生理学・医学賞を受賞。

　2015年のノーベル生理学・医学賞は「深刻な寄生虫感染症に対する画期的な薬を発見」したとして3名の科学者に贈られました。そのなかの一人が大村智博士です。この研究において開発された薬によって，バンクロフト糸状虫が原因となる象皮症，ならびにミクロフィラリアが原因となるオンコセルカ症に苦しむ多くの人々が救われました（図9.6）。また，マラリア原虫が原因となるマラリアに関する研究もこの年のノーベル生理学・医学賞の対象となっています。

　大村博士は土壌中に生息する微生物が発するさまざまな天然有機化合物の探索にとりくみ，約500種の新規化合物を発見しました。それらのなかにエバーメクチンと名づけられた寄生虫を殺す性質を有する抗生物質が含まれていました（図9.7）。その後，エバーメクチンの2か所にメチル基が付加されることによって，実際に薬として用いられたイベルメクチン（Ivermectin）が完成しました。イベルメクチンは1987年から本格的な臨床利用がはじまり，特にバンクロフト糸状虫やミクロフィラリアに対する特効薬として働き，中南米やアフリカ地域において毎年約2億人の人々に投与されています。さらにイベルメクチンは，ダニが原因となる疥癬症や，東南アジアの風土病である糞線虫症の治療薬としても効果的であることもわかっています。大村博士が救った命の数は歴史上でも，ほぼ比類なきも

図 9.6　世界中に蔓延している寄生虫が原因となる主な病気

薬として用いられたイベルメクチン（Ivermectin）は，
この部位の水素がメチル基に置き換わったもの

エバーメクチン
Avermectin

図 9.7　エバーメクチンの構造式

のといえるでしょう。

**POINT** 76

◆ エバーメクチンは土壌中の細菌から発見された。
◆ エバーメクチンの 2 か所の水酸基をメチル基に置き換えたものが
　イベルメクチンである。
◆ イベルメクチンは複数の寄生虫感染の特効薬として効果がある。

# Stage 77 オートファジー

## 大隅良典博士 ～2016年ノーベル生理学・医学賞～

大隅良典（1945年2月9日～）
福岡県福岡市生まれ
東京大学卒
基礎生物学研究所（岡崎市）と東京大学における研究成果により，ノーベル生理学・医学賞を受賞。

　2016年のノーベル生理学・医学賞は「オートファジーのしくみを解明」したとして，大隅良典博士が単独受賞されました。

　オートファジーとは，細胞がリソソームなどの液胞構造の中で自分自身の構造体を消化する（食する），という意味で，1962年にクリスチャン・ド・デューブ博士（彼自身は1955年にリソソームの発見によりノーベル生理学・医学賞を受賞している）が名づけたものです。このオートファジーという概念は，永年，生物界ではあまり注目されませんでした。しかし，後年，飢餓状態にした酵母菌を大隅博士が観察したところ，酵母菌の野生株では液胞中で活発な動きが観察されるのに対して，BJ-926と呼ばれる変異株では，そのような動きが観察されないことを発見しました。この詳細な観察を進めた結果，大隅博士はオートファジーの様子を詳細に報告することに成功しました。オートファジーは，まず，細胞質中の不要になった細胞内小器官や物質（タンパク質の凝集体など）が，外膜と内膜の二重膜によってとり囲まれ，オートファゴソームという構造が形成されます。その外膜がリソソームなどの液胞構造体と結合することによって，内

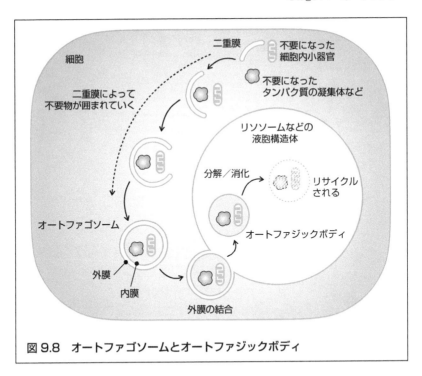

**図 9.8 オートファゴソームとオートファジックボディ**

膜で囲まれた領域のみがリソソームなどの液胞構造体にとり込まれます。
この構造体をオートファジックボディと呼びます。その後，オートファ
ジックボディごと分解／消化されることになります（図 9.8）。細胞はオー
トファジーを行うことによって，不要になった細胞内小器官や物質を分解
／消化し，リサイクルしていたのです。なお，ヒトの体の中では 1 日に
400 g 程度のタンパク質がオートファジーの対象になっていると考えられ
ています。

　大隅博士はさらにその後の研究において，オートファジーにかかわる原
因遺伝子を大量に発見されています。まさに，ミスター・オートファジー
とも呼べる方といえるでしょう。

**POINT** 77

◆ オートファジーという概念は 1962 年には存在していた。
◆ 大隅博士はオートファジーの存在を明確に示した。
◆ 大隅博士はオートファジーを制御する遺伝子も数多く発見した。

# Stage 78 PD-1とオプジーボ

## 本庶佑博士 ～2018年ノーベル生理学・医学賞～

<ruby>本庶<rt>ほんじょ</rt></ruby> <ruby>佑<rt>たすく</rt></ruby>（1942年1月27日～）
京都府京都市生まれ
京都大医学部卒
京都大における研究成果により，
ノーベル生理学・医学賞を受賞。

　2018年のノーベル生理学・医学賞は「免疫チェックポイント阻害因子の発見とがん治療への応用」をしたとして，2名の科学者に贈られました。そのなかの一人が本庶佑博士です。

　ヒトの体内で免疫を司る代表的な細胞がT細胞になります。T細胞はウイルスに感染した細胞や，がん化した細胞を発見すると，それを攻撃することができます。一部のがん化した細胞は，細胞の表面にがん特有のマーカー分子を有します。これをT細胞が認識すると攻撃して，がん化した細胞を撲滅させます（図9.9）。私たちの体の中で，このしくみによって知らないうちにとり除かれているがん細胞がいるわけです。

　しかし，がん細胞の中にはT細胞の監視を逃れるための機能を有するものが存在します。それらは細胞の表面にPD-L1というタンパク質を発現しています。本庶博士はこのPD-L1が結合するT細胞上の受容体であるPD-1を発見しました。またPD-L1がPD-1に結合すると，T細胞の活性が抑制されるため，PD-L1を有するがん細胞をT細胞は攻撃できなくなるというしくみも解明しました（図9.10）。このようにして，がん細胞

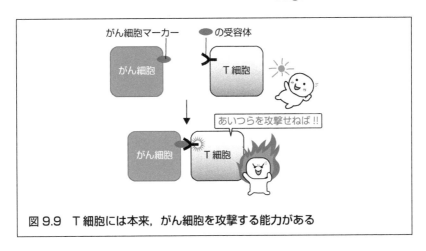

図 9.9　T 細胞には本来，がん細胞を攻撃する能力がある

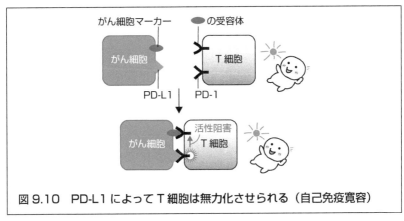

図 9.10　PD-L1 によって T 細胞は無力化させられる（自己免疫寛容）

は自由に増殖，転移して，症状が重篤化していくわけです。本来，PD-1
は，T 細胞が自身の親元となる生物個体の細胞は攻撃しないようにする機
構（自己免疫寛容ともいう）に使われるものなのですが，がん細胞はそれ
を悪用しているわけです。

　本庶博士らは PD-L1（ならびに同じような働きをもつ PD-L2）と PD-1
の作用によって生じる自己免疫寛容を阻害することができれば，T 細胞は
本来の働きを維持することができるのではないか，と考えました。その結
果，開発された薬がオプジーボ（一般名ニボルマブ）です。このような特
定の分子を狙って作成される薬を分子標的薬とも呼びます。オプジーボは
PD-1 を覆うように結合するため，PD-L1 は T 細胞に作用することができ

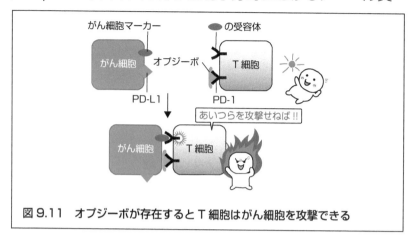

**図9.11 オプジーボが存在するとT細胞はがん細胞を攻撃できる**

ません（図9.11）。その結果，T細胞は本来備わった力を発揮して，がん細胞を攻撃することができるわけです。がん細胞がT細胞からの監視を逃れるための目くらましをPD-L1とするならば，オプジーボはT細胞がその目くらましを避けるためにかけるサングラスともいえるでしょう。

　がんの発症のしくみはいろいろとあるため，すべてのがんにこの薬が有効なわけではありません。しかし，肺がんや腎がんなどを含め，2〜3割程度のがんには効果があることが認められています。がんは永年にわたり人類を苦しめている病気であり，日本でも死亡原因の約3割を占めています。この薬によって救われた方は数多くいたことでしょう。がんに対する治療法の開発に対して，ノーベル賞が贈られたのは，本庶博士らが史上初となりますが，それに値するすばらしい研究成果であったといえます。

**POINT** 78

◆ T細胞にはがん化した細胞を排除する能力がある。
◆ PD-L1を有するがん細胞は，T細胞のもつPD-1に結合することで，T細胞の監視から逃れることができる。
◆ オプジーボはPD-L1やPD-L2のPD-1への結合を阻害することによって，T細胞がん細胞を検出できる状態を維持させる。

# 「体内時計を制御する分子」

2017 年のノーベル生理学・医学賞は「概日リズムを制御する分子メカニズムの発見」をしたとして 3 名の米国人の研究者に授与されました。つまり,細胞において 24 時間のリズム(サーカディアンリズム)をつくるしくみを発見したことになります。彼らはキイロショウジョウバエにおいて,Timeless(Tim)と Period(Per)と呼ばれる分子がサーカディアンリズムを司っていることを発見しました。図に示すように,Tim と Per は日中は細胞質中に移動して存在していますが,夜になるとヘテロ二量体を形成して細胞核の内側に移動して,自身を

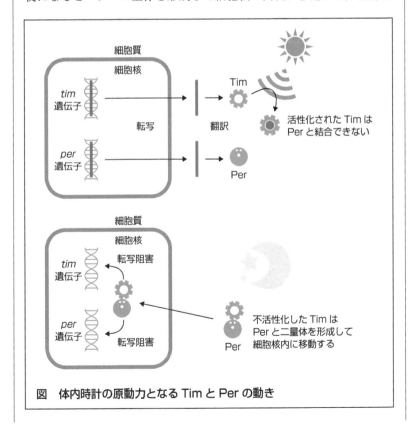

図　体内時計の原動力となる Tim と Per の動き

コードした遺伝子の転写を抑制します。驚くべきことに，このしくみは他の昆虫はもちろん，哺乳類に至るまで保存されています。日中に日の光を浴びることの重要性が感じられます。

　Tim や Per は真核生物において体内時計（サーカディアンリズム）を担う分子でしたが，原核生物であるシアノバクテリア（ラン藻）では，別の分子が働いています。それは，名古屋大の近藤孝男博士らをはじめとしたグループによって発見されたものであり，Kai（回に由来する）と名づけられました。Kai には KaiA，KaiB，KaiC の 3 種類あり，常時働いている時計の振り子に相当する分子が KaiC となります。KaiA と KaiB は真逆の働きをもち，KaiA は KaiC に働きかけて KaiC にリン酸を結合させるのに対して，KaiB はリン酸を奪います。シアノバクテリアのサーカディアンリズムはこの KaiC の活性化と不活性化が 24 時間周期でくり返されることで成立しているわけです。概日リズムの分子機構の発見に対するノーベル賞であるならば，Kai の発見に携わった日本人も授与されるべきだったのではないか，と思いたくなりますね。

## column　分子生物学が生み出した mRNA ワクチン

　コロナウイルス SARS-CoV-2 の蔓延と重症化を阻止するために，人類が急遽活用したものが mRNA ワクチンです。これは，従来のワクチンとはひと味もふた味も異なるものであり，分子生物学を志す人は，その特徴をしっかりと把握しておいたほうがよいでしょう。

　従来のワクチンは，病気を引き起こす外敵（抗原）について，それを弱毒化したものや，その立体構造の一部を再現したものを体内に注射するものでした。つまり，ワクチンとしての完成品をそのまま体内に注入する方式となります（図 1 の左側）。一方，コロナウイルスに対して用いられたワクチンである mRNA ワクチンでは，実際にワクチンとして働く物質の設計図を mRNA の形で体内に注入し，ヒトの細胞に備わったセントラルドグマのシステムを活用して完成品を合成させます（図 1 の右側）。

　アイデアとしては，ワクチンの役割を果たすタンパク質のアミノ酸配列をコードした mRNA を細胞に入れることによって，細胞内でワ

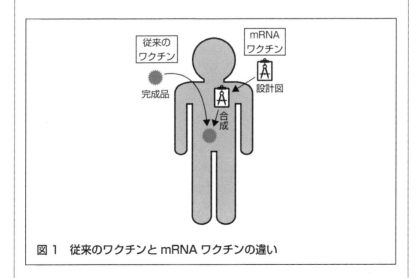

**図 1　従来のワクチンと mRNA ワクチンの違い**

クチンを自動的に合成させようというものです。これは言うはやすしですが，実際にはそう簡単なものではありませんでした。mRNAをワクチンとして実用化するためには，乗り越えなくてはならない2つの大きな壁がありました。第一の壁は，mRNAが細胞膜を通過できないという点です。mRNAは水溶性の高い分子であるため，当然ながら脂質二重層からなる細胞膜を通過することができません。これを解決するために用いられたのが脂質シェルです。脂質シェルとは細胞膜と融合できるカプセルのようなものです。その内側にmRNAが入った形に改良されたわけです。脂質シェルのなかに入ったmRNAは，脂質シェルが細胞膜に融合する際に，タンパク質合成を担うリボソームが待つ細胞質のなかに問題なくとり込まれるようになりました（図2の工夫1）。

　第二の壁はRNA分子の不安定さにありました。仮に人工的に合成されたRNAが細胞内にとり込まれたとしても，ほどなく細胞内に存在するRNA分解酵素のはたらきによって分解されてしまいます。これを解決するために用いられたのが，1メチルシュードウリジン（変型型U）でした。RNAはアラニン（A），シトシン（C），グアニン（G），ウラシル（U）の4種類の塩基で構成されていますが，実はtRNAやrRNAではUではなく変型型Uが用いられていることがあります。

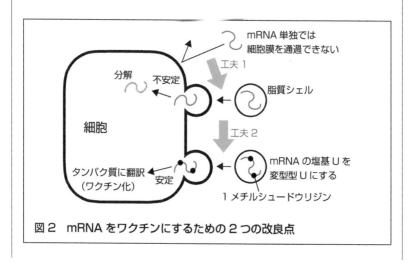

図2　mRNAをワクチンにするための2つの改良点

その役割として，RNA分子の細胞内での安定度を飛躍的に向上させることがわかっていたのですが，それをmRNAにもあてはめたのです。SARS-CoV-2に対するmRNAワクチンでは，なんとすべてのUが変型型Uに置き換えられました。その結果，細胞内で簡単に分解されないようになったのです（図2の工夫2）。

このほかにも，RNAを安定化させるキャップ構造，合成されて分泌されたタンパク質が最適な立体構造を免疫系に提示するためのアミノ酸配列の工夫などをはじめとした多様な分子生物学の技術も用いられています。言うまでもなく，これらの技術はSARS-CoV-2のために開発されたものではありません。異なる研究者による独自の成果に由来しています。mRNAワクチンは人類の努力と叡智の結晶ともいえるでしょう。

なお，mRNAワクチンの最大の魅力は，塩基配列の並べ替えだけで設計のほとんどの作業が完了する応用性の高さにあります。今後，いろいろな病気に対して，この技術が活用されていくことでしょう。

練 習 問 題

☐ **問 1** 抗体は何というタンパク質でできているか？

☐ **問 2** ひとつの B 細胞は原則何種類の抗体を産生できるか？

☐ **問 3** 抗体の多様性を産み出すために胎児期に抗体遺伝子の DNA の ☐ が行われる。

☐ **問 4** TOF-MS は何の略か？

☐ **問 5** 質量分析ではレーザー照射によって試料を ☐ 化させる必要がある。

☐ **問 6** オワンクラゲで発見された青く光るタンパク質は何か？

☐ **問 7** オワンクラゲで発見された緑に光るタンパク質は何か？

☐ **問 8** 山中博士は分化した細胞の発生運命を初期化するために ☐ つの転写因子を用いた。

☐ **問 9** iPS 細胞の P は何の略か？

☐ **問 10** 大村博士はさまざまな寄生虫感染に有効な薬である ☐ を開発した。

☐ **問 11** 大村博士の開発した薬の一部を ☐ 化してイベルメクチンが完成した。

☐ **問 12** 日本人でノーベル生理学・医学賞を単独受賞したのは利根川進博士と ☐ 博士のみである。

**問 13** 細胞の中に存在する不必要な物質を複膜で囲んだ構造を[    ]と呼ぶ。

**問 14** T細胞ががん化した細胞を攻撃する能力は，がん細胞が有する[    ]によって阻害される。

**問 15** 問14で述べた物質がT細胞に結合するのを阻害する薬は何か？

解　答

問 1　免疫グロブリン
問 2　1種類
問 3　編集
問 4　Time of flight-mass spectrometry
問 5　イオン
問 6　イクオリン
問 7　GFP
問 8　4
問 9　pluripotency
問 10　エバーメクチン
問 11　メチル
問 12　大隅良典
問 13　オートファゴソーム
問 14　PD-L1
問 15　オプジーボ（ニボルマブ）

# 参考図書

　分子生物学に関する書籍は枚挙に暇がない次第ですが，王道といえる書籍は，

- B. Alberts ほか，細胞の分子生物学 第6版（監訳：中村圭子，松原謙一），南江堂（2017）：B. Alberts *et al.*, Molecular Biology of the Cell 6th ed, Garland Science（2014）

です。

　また，上記の書籍を元に，内容や分野をより細胞生物学に絞って編集された

- B. Alberts ほか，Essential 細胞生物学 第4版（翻訳：中村圭子，松原謙一），南江堂（2016）；B. Alberts *et al.*, Essential Cell Biology 4th ed, Garland Science（2016）
  ※海外の原著は第5版を2018年に刊行

についても，より深い学習には適しているでしょう。

　分子生物学に関する詳しい図解がある

- 田村隆明 山本雅 編，改訂第3版 分子生物学イラストレイテッド，羊土社（2009）

もより深い学習の助けになると思います。

　分子生物学分野は，生物学の中の一分野であり，他の生物学に含まれる分野とも密接なかかわりがあります。より，広く効率よく学んでいただくためにも，次の書籍も参考になります。

- 数研出版編集部，視覚でとらえるフォトサイエンス 生物図録（監修：鈴木孝仁），数研出版（2017）
- 道上達男，基礎からスタート　大学の生物学，裳華房（2019）
- 浅倉幹晴，休み時間の生物学，講談社（2008）
- 北元憲利，休み時間の微生物学 第2版，講談社（2016）
- 齋藤紀先，休み時間の免疫学 第3版，講談社（2018）

- 大西正健，休み時間の生化学，講談社（2010）

　分子生物学を学ぶうえで有機化学の背景があるかどうかは，その学習効率を大きく変化させます。有機化学の素養が乏しい学生には，次の書籍を薦めています。

- 齋藤勝裕，マンガでわかる有機化学 結合と反応のふしぎから環境にやさしい化合物まで，SB クリエイティブ（2009）

　また，最新の知見を効率よく得るのであれば，月刊誌『Nature ダイジェスト（日本出版貿易)』もオススメです。最先端の英文科学雑誌を元ネタとした世界のトレンドが日本語で書かれています。分子生物学に関連した記事は毎回掲載されており，特集号も年に数回あります。分子生物学は日々急速に発展している科学領域ともいえるので，さまざまな角度から学習されるとよいでしょう。

# 索　引

## ま

## や

## 数字

## 著者紹介

くろ だ　　ひろ き
# 黒田　　裕樹

1996 年　名古屋大学理学部分子生物学科卒業
2001 年　東京大学大学院総合文化研究科修了（博士（学術））
UCLA にてポスドク，静岡大学教育学部理科教育講座にて准教授を務めたのち，
慶應義塾大学環境情報学部准教授。現在，同大学教授。
発生生物学会，動物学会，分子生物学会などに所属。
主な研究テーマは発生生物学。
趣味は旅とスポーツ鑑賞。

NDC 464　　239 p　　21cm

やす　じ かん
休み時間シリーズ
やす　じ かん　　ぶん し せいぶつがく
**休み時間の分子生物学**

2020 年 7 月 29 日　第 1 刷発行
2024 年 8 月 6 日　第 7 刷発行

著　者　　くろ だ ひろ き
　　　　　黒田裕樹

発行者　　森田浩章

発行所　　株式会社　講談社
　　　　　〒 112-8001　東京都文京区音羽 2-12-21　　　　**KODANSHA**
　　　　　　　販　売　(03)5395-4415
　　　　　　　業　務　(03)5395-3615

編　集　　株式会社　講談社サイエンティフィク

　　　　　代表　堀越俊一

　　　　　〒 162-0825　東京都新宿区神楽坂 2-14　ノービィビル
　　　　　　　編　集　(03)3235-3701

本文データ制作
カバー・表紙印刷　**株式会社双文社印刷**

本文印刷・製本　**株式会社ＫＰＳプロダクツ**